Manish Kumar Sinha
Preeti Rajput
Triambak Baghel

Identificação baseada em SIG de zonas potenciais de recarga de águas subterrâneas

Manish Kumar Sinha
Preeti Rajput
Triambak Baghel

Identificação baseada em SIG de zonas potenciais de recarga de águas subterrâneas

ScienciaScripts

Cover image: www.ingimage.com

This book is a translation from the original published under ISBN 978-620-2-09290-6.

Publisher:
Sciencia Scripts
is a trademark of
Dodo Books Indian Ocean Ltd. and OmniScriptum S.R.L publishing group

120 High Road, East Finchley, London, N2 9ED, United Kingdom
Str. Armeneasca 28/1, office 1, Chisinau MD-2012, Republic of Moldova, Europe
Printed at: see last page
ISBN: 978-620-8-11486-2

ÍNDICE DE CONTEÚDOS

PREFÁCIO

As águas subterrâneas constituem uma parte do sistema circulatório de água da Terra. As águas subterrâneas estão a suscitar um interesse cada vez maior devido à escassez de águas subterrâneas de boa qualidade e à necessidade crescente de água para usos domésticos, agrícolas e industriais. O conceito de deteção remota integrada e de sistema de informação geográfica provou ser uma ferramenta eficaz na integração do planeamento urbano e da recarga das águas subterrâneas. O problema do presente estudo é um caso representativo da sobre-exploração dos recursos hídricos subterrâneos, levando ao esgotamento contínuo dos aquíferos granulares e subterrâneos. A utilização integrada de técnicas geoespaciais e geofísicas é uma ferramenta eficaz para avaliar a recarga das águas subterrâneas, com base na qual podem ser identificados locais adequados para a extração de águas subterrâneas. A metodologia foi concebida através da integração de indicadores importantes das águas subterrâneas, como a geologia, a geomorfologia, o lineamento, o declive e a densidade de drenagem, para a exploração da zona de recarga das águas subterrâneas à escala da bacia hidrográfica.

O objetivo deste livro é fornecer aos planeadores e engenheiros informações práticas para avaliar o potencial de aplicação de esquemas de recarga artificial de águas subterrâneas em programas ou projectos de abastecimento de água.

Estamos a escrever este livro com a motivação do nosso professor e mentor, Dr. M. K. Verma, e do Professor Istiyaq Ahmed, que nos deu um vasto conhecimento no domínio da questão, práticas e gestão das águas subterrâneas. Este trabalho faz parte do estudo que foi prosseguido após a nossa investigação académica no Instituto Nacional de Tecnologia de Raipur. Por isso, gostaríamos de agradecer a todas as pessoas que trabalharam connosco no NIT Raipur.

Gostaríamos de reconhecer com apreço o trabalho dos académicos e estudantes do NIT que têm trabalhado para esta investigação direta ou indiretamente e também gostaríamos de agradecer aos nossos amigos pelos seus valiosos comentários e sugestões que muito contribuíram para melhorar este livro.

RESUMO

A recarga artificial é a atividade humana planeada para aumentar a quantidade de água subterrânea disponível através de obras destinadas a aumentar a reposição natural ou a percolação das águas superficiais nos aquíferos subterrâneos, resultando num aumento correspondente da quantidade de água subterrânea disponível para captação. O presente estudo centra-se na identificação da localização das zonas de recarga das águas subterrâneas de uma bacia hidrográfica, utilizando técnicas actuais de deteção remota e de sistemas de informação geográfica. O estudo-piloto foi efectuado na bacia hidrográfica de Kharun, no estado de Chhattisgarh. O rio é não perene e corre para norte. Para cartografar as zonas potenciais e gerir a base de dados geográfica, foi utilizado o software ArcGIS. As zonas de recarga de águas subterrâneas para a área de estudo foram obtidas através da integração de camadas temáticas de geomorfologia, litologia, utilização/cobertura do solo, densidade de drenagem, declive, solo, drenagem e lineamento, utilizando técnicas SIG. A demarcação das zonas de recarga de águas subterrâneas para a área de estudo foi efectuada pelo agrupamento das camadas interpretadas através de métodos de sobreposição ponderada no ArcGIS 10.1 e, finalmente, foram atribuídas diferentes zonas de recarga. Foram atribuídos pesos adequados aos sete temas e às suas diferentes caraterísticas, tal como descrito em Atribuição de pesos e integração de camadas temáticas. Os pesos normalizados dos temas individuais e as suas diferentes caraterísticas foram calculados pelo AHP. É evidente a partir do resultado que a parte central inferior da porção média da área de estudo não é adequada para a recarga artificial de águas subterrâneas devido à presença de colinas estruturais, terrenos construídos com fraca capacidade de infiltração. O mapa das zonas de recarga de águas subterrâneas indica que a excelente zona de recarga de águas subterrâneas está concentrada em algumas partes da região central e sul devido à distribuição de planícies de inundação, planícies aluviais e terrenos agrícolas com elevada capacidade de infiltração. Isto indica que a geomorfologia, a geologia, a litologia e a utilização/cobertura do solo desempenham um papel vital no aumento das águas subterrâneas. Além disso, a concentração da densidade de drenagem, a densidade dos lineamentos e o declive também contribuem para a capacidade de infiltração no sistema de águas subterrâneas. O estudo mostrou que um planeamento sistemático do desenvolvimento das águas subterrâneas, utilizando técnicas modernas, é utilizado para a utilização e gestão adequadas destes recursos naturais preciosos, mas em declínio. A zona de recarga artificial de águas subterrâneas foi avaliada na bacia do rio Kharun, em Chhattisgarh, utilizando técnicas de teledeteção e de sistema de informação geográfica.

Capítulo 1

1 Introdução

1.1 Geral

A água subterrânea é um dos recursos naturais mais importantes da terra, que é principalmente necessária para beber, irrigação e industrialização. A ocorrência e o movimento da água subterrânea numa área são regidos por vários factores, tais como

- Condições climáticas,
- Profundidade da meteorização,
- Padrão de drenagem,
- Extensão da fratura,
- Estrutura geológica,
- Utilização e ocupação do solo,
- Litologia,
- Inclinação,
- Topografia e inter-relação entre estes factores.

Os recursos hídricos subterrâneos são dinâmicos por natureza, uma vez que crescem com a expansão das actividades de irrigação, industrialização, urbanização, etc. Uma vez que se trata da maior fonte de água doce disponível que se encontra debaixo do solo, tornou-se crucial não só a identificação da zona potencial de água subterrânea, mas também a monitorização e a conservação deste importante recurso. As águas subterrâneas estão a suscitar um interesse cada vez maior devido à escassez de águas subterrâneas de boa qualidade e à crescente necessidade de água para utilizações domésticas, agrícolas e industriais. Tornou-se crucial não só a identificação da zona potencial de água subterrânea, mas também a monitorização e a conservação deste importante recurso. (CGWB, 2010)

As águas subterrâneas constituem uma parte do sistema de circulação da água na Terra, conhecido como ciclo hidrológico. *A Figura 1.1* mostra algumas das muitas facetas envolvidas no ciclo hidrológico: evaporação, interceção, transpiração, escoamento superficial, infiltração e percolação (subramanya, 2008). *A Figura 1.1* mostra um diagrama esquemático do ciclo hidrológico.

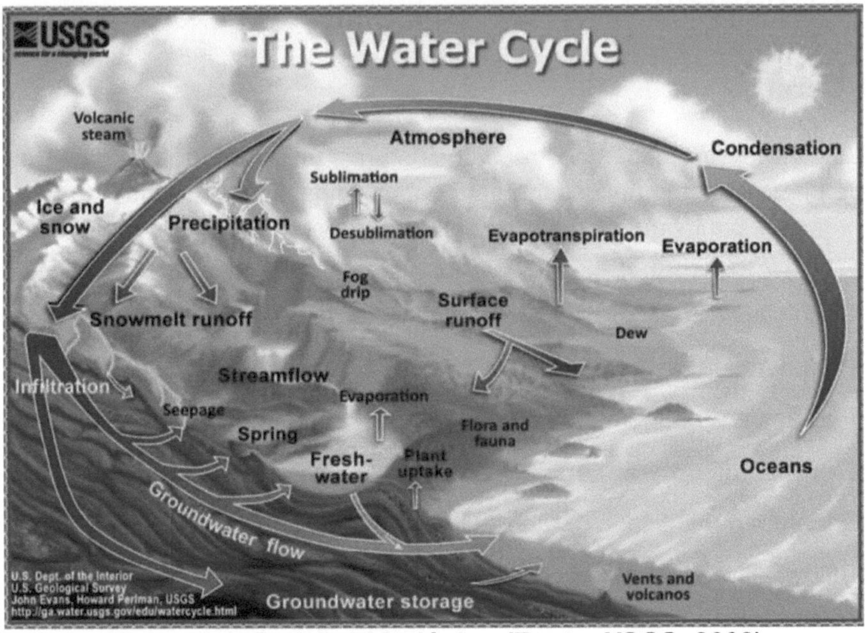

Figura 1.1: O ciclo hidrológico (Fonte: USGS, 2008)

Pode ver-se na *Figura 1.1* que, embora o conceito de ciclo pareça simples, os fenómenos são extremamente complicados. Não se trata apenas de um grande ciclo único, mas é composto por muitos ciclos inter-relacionados.

1.2 Distribuição das águas subterrâneas

A formação abaixo da superfície terrestre é dividida em duas zonas por uma superfície irregular denominada lençol freático (D.K. Todd,1980).Em todos os pontos do lençol freático a pressão é atmosférica. A zona entre a superfície do solo e o lençol freático é designada por zona não saturada ou zona vadosa. Nesta zona, as partículas do solo contêm ar ou água, ou ambos. Por isso, é conhecida como zona de arejamento (D.K.Todd,1980). A água nesta zona é retida nas partículas do solo por forças capilares. Na zona abaixo do lençol freático, todos os poros do solo estão completamente cheios de água e, por isso, é chamada zona de saturação ou zona freática. A zona freática pode estender-se a uma profundidade considerável, mas à medida que a profundidade aumenta o peso da sobrecarga tende a fechar o espaço poroso, encontrando-se pouca água a profundidades superiores a 3 km.

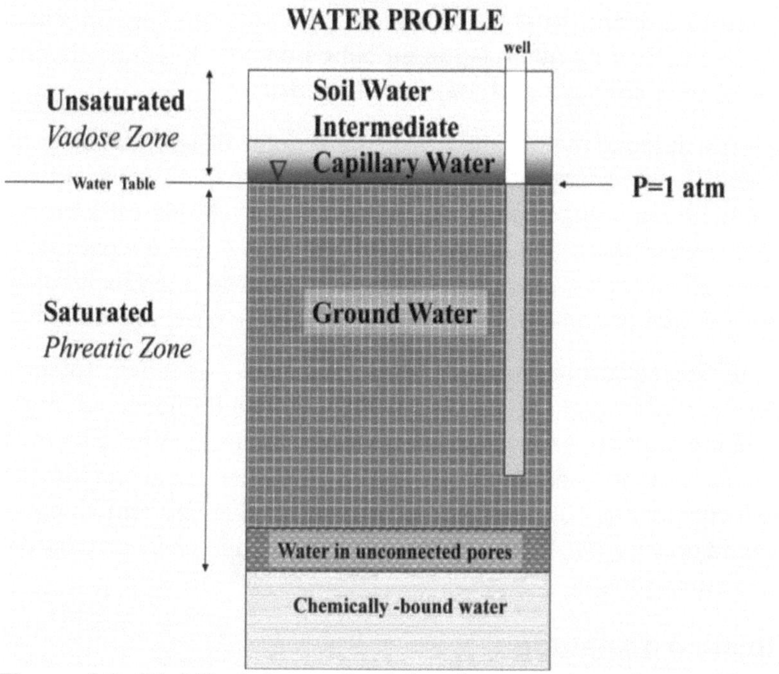

Figura 1.2: Distribuição vertical das águas subterrâneas (Fonte: http://www. observationalhydrology. com)

1.2 Recarga artificial de águas subterrâneas

Os sistemas de recarga artificial são sistemas de engenharia em que as águas superficiais são colocadas no solo para infiltração e subsequente deslocação para os aquíferos, a fim de aumentar os recursos hídricos subterrâneos. A recarga artificial de águas subterrâneas é conseguida colocando as águas superficiais em bacias, sulcos, valas ou outras instalações onde se infiltram no solo e se deslocam para baixo para recarregar o aquífero. A recarga artificial requer solos superficiais permeáveis. Quando estes não estão disponíveis, podem ser utilizadas trincheiras ou poços na zona não saturada, ou a água pode ser injectada diretamente nos aquíferos através de um poço. Para conceber um sistema de recarga artificial de águas subterrâneas, é necessário determinar as taxas de infiltração do solo e verificar se a zona não saturada entre a superfície do solo e o aquífero é suficientemente permeável e se não há zonas poluídas. O aquífero deve ser suficientemente transmissivo para evitar a acumulação excessiva de montes de água subterrânea. O conhecimento destas condições requer investigações de campo e, se não forem detectadas falhas fatais, uma bacia de teste para prever o desempenho do sistema. A recarga natural é a forma como a água subterrânea natural é formada como a diferença entre as entradas de água no solo (precipitação e infiltração em cursos de água, lagos ou outros corpos de água naturais) e as saídas (evapotranspiração e escoamento superficial).

O conceito de deteção remota integrada e de sistema de informação geográfica provou ser um instrumento eficaz na integração do planeamento urbano e da recarga das águas subterrâneas. As despesas e a mão de obra necessárias para o desenvolvimento das águas superficiais são muito maiores do que as das águas subterrâneas, pelo que é dada maior ênfase à utilização das águas subterrâneas, que podem ser desenvolvidas num curto espaço de tempo.

Existe uma necessidade urgente de recarga artificial das águas subterrâneas, aumentando a infiltração natural da precipitação nas formações subterrâneas através de um método de recarga adequado. A recarga artificial é um método de modificar o ciclo hidrológico e, assim, fornecer água subterrânea em excesso da disponível por processo. O advento da deteção remota por satélite e do sistema de informação geográfica abriu novas perspectivas para o estudo das águas subterrâneas.

1.3 Objetivo do estudo

Como já foi referido, -Ground Water Recharge Zone mapping using GIS -A case study in Kharun basin, Chhattisgarh Os objectivos específicos do presente estudo são:

- Recolha de dados para a preparação de camadas temáticas.
- Aplicação de Deteção Remota e SIG para Delinear caraterísticas de superfície para estimar a Zona de Recarga de Águas Subterrâneas.
- Atribuição de peso às camadas para prosseguir.
- Integração das diferentes técnicas acima referidas para desenvolver um mapa de recarga de águas subterrâneas.
- Zonas prospectivas para recarga artificial de águas subterrâneas.
- Local adequado para a construção de uma estrutura de recarga.

1.4 Prólogo

O estudo foi organizado da seguinte forma

Capítulo 2: Revisão da Literatura- Centra-se principalmente nos trabalhos de investigação anteriores relacionados com a utilização da técnica RS & GIS, para a delineação da zona de recarga de águas subterrâneas em todo o mundo por muitos investigadores e geólogos. **Capítulo 3: Área de estudo-** Descreve a localização geográfica da área de estudo, as suas caraterísticas, a disponibilidade de dados de satélite, a técnica de dados de águas subterrâneas utilizada. **Capítulo 4: Aplicação do SIG -** Descreve as diferentes ferramentas utilizadas no âmbito do trabalho do projeto. **Capítulo 5: Metodologia e Análise -** Método adotado para a deteção remota e análise SIG, para desenvolver o mapa de recarga de águas subterrâneas. **Capítulo 6: Resultados e Discussão-** Os resultados obtidos a partir de diferentes objectivos foram analisados e os resultados são devidamente discutidos abaixo neste capítulo. **Capítulo 7: Conclusão-** Fornece as conclusões importantes derivadas do presente estudo.

Capítulo 2

2 Revisão da literatura

2.1 Geral

Foi efectuada uma revisão excessiva da literatura para obter os conceitos de mapeamento da recarga de águas subterrâneas e de localização de estruturas de recarga utilizando a deteção remota e a técnica do sistema de informação geográfica. Este capítulo apresenta uma breve revisão da literatura relacionada com os temas acima referidos.

2.2 Revisão de Literaturas

N. C. Mondal e V. S. Singh fizeram "A new approach to delineate the groundwater recharge zone inhard rock terrain of sirumalai hill" em 2004. A zona adequada para a potencial recarga de águas subterrâneas é decifrada utilizando a injeção de trítio, mapas hidrogeológicos, geofísicos e geomorfológicos e um modelo regional de águas subterrâneas, que são frequentemente demorados e pouco económicos. Por conseguinte, a análise da resposta do aquífero não confinado em termos de subida do nível da água devido à precipitação, um procedimento rápido e económico, é desenvolvida em terrenos de rocha dura. Estabelece-se uma correlação cruzada entre a subida do nível da água e a precipitação. Toda a área é classificada em várias zonas, dependendo da variabilidade do coeficiente de correlação. Assim, a zona mais favorável para a recarga artificial é delineada com a ajuda de coeficientes de correlação, o que deu uma boa concordância com os resultados da técnica de Deteção Remota (RS) e do Sistema de Informação Geográfica (SIG) na área de estudo.

Muthukrishnan e Manjunatha (2008) Recarga artificial do aquífero subterrâneo na sub-bacia hidrográfica de Shanmuganadi na bacia do rio Cauvery. O rio Shanmuganadi cobre uma área de cerca de 93,25 quilómetros quadrados. O problema do presente estudo é um caso representativo da sobre-exploração dos recursos hídricos subterrâneos, que conduz ao esgotamento contínuo dos aquíferos granulares e subterrâneos. A aplicação do método de recarga artificial do aquífero subterrâneo, cada vez mais aceite internacionalmente, foi considerada como a solução mais eficaz para o restabelecimento do equilíbrio do sistema hidrogeológico. Foi tida em conta a utilização de tecnologia de ponta e a estimativa de todos os parâmetros necessários. Tendo isto como objetivo, para identificar os locais adequados para zonas de recarga artificial, foi adoptada uma abordagem integrada de técnicas de deteção remota e SIG. As condições mais favoráveis para a recarga situam-se entre a zona central e a zona norte, abrangendo as aldeias de Siruganur a Kuttanur e 28,9 km2 , cerca de 28,1 por cento da área total de estudo. Em seguida, a zona moderadamente adequada para recarga cobre uma área de cerca de 25,1 km2 e 26,3 por cento da área total de estudo. As restantes duas zonas estão livres da limitação do problema porque estas áreas estão naturalmente sob o trajeto do rio. Cobre uma área de 19,9 km2 e 20,9 por cento; 23,63 km2 cobrem 24,7 por cento da área total de estudo.

O Sistema de Informação Geográfica de Sinha et al. (2011) foi utilizado para preparar a base de dados nas camadas acima referidas, analisar a relação e preparar o mapa integrado. Com base nas caraterísticas hidrológicas e geomórficas, foram identificadas cinco categorias no mapa de recarga de águas subterrâneas: Excelente, bom, moderado, mau e muito mau. A análise revela que os terraços fluviais e os corpos de água com aluvião têm uma área excelente (15%), o pedimento enterrado com solo de algodão preto tem um bom potencial (24%). Foram identificados quatro locais de recarga artificial de águas subterrâneas, dos quais as categorias moderada e boa ocupam mais de 42% da área, nomeadamente planaltos, cumes e pedimentos enterrados pouco profundos. O local de recarga artificial mais adequado ocupa 19% da área e está principalmente confinado ao frontão enterrado e aos terraços fluviais. Foi encontrada uma boa inter-relação entre as unidades geológicas, as unidades hidromorfológicas e a densidade de lineamentos.

Peter H.S. Riad, Max Billib, Ahmed A. Hassan, Maha Abdel Salam e Mohamed Nour El Din (2011) fizeram o seu trabalho de projeto como -aplicação do modelo ponderado de sobreposição e da lógica booleana para determinar as melhores localizações para a recarga artificial de águas subterrâneasll. Este estudo apresenta duas formas de efetuar a análise: criar um mapa de aptidão para descobrir a aptidão de cada localização no mapa e consultar os conjuntos de dados criados para obter um resultado booleano de mapa verdadeiro ou falso. Estas técnicas foram aplicadas à cidade industrial de Sadat, que se situa numa zona semi-árida nas franjas desérticas ocidentais do delta do Nilo, no noroeste do Egito. Foram preparadas camadas temáticas para um certo número de parâmetros a partir de alguns mapas e imagens de satélite, que foram classificadas, ponderadas e integradas no ambiente ArcGIS. Através do modelo de sobreposição ponderada no ArcGIS, foi obtido um mapa de aptidão classificado em várias zonas prioritárias, que pôde ser comparado com o mapa de verdadeiro-falso obtido através da lógica booleana.

O estudo de Ali Liaghat, Karim Hejazi Jahromi, Naeem Shahidi, Seyed Amir Shamsnia, realizado em 2012, sobre a seleção de locais de distribuição de cheias é de grande importância por ser a base dos estudos de alimentação artificial de aquíferos e águas subterrâneas. Uma vez que neste estudo foi utilizado um grupo de condições (adequadas e não adequadas) e porque o objetivo é a seleção de locais, foi utilizada a função de sobreposição lógica, tipo intersecção. A operação de seleção de locais de distribuição de cheias foi realizada utilizando o sistema de informação geográfica e o método de intersecção lógica no deserto de Sarpaniran, com uma área de 47288 hectares, após a sobreposição de 4 camadas de informação de declive, infiltração superficial, espessura do aluvião e geologia, tendo sido determinados os locais adequados. Os resultados deste estudo mostraram que, apesar do facto de as camadas de declive, utilização de terras e espessura de aluvião serem adequadas para recarga artificial no método de distribuição de cheias, uma vez que as áreas quaternárias constituem uma percentagem do total do distrito e outras formações, exceto a formação Bakhtiari Congolmerate, não são adequadas na visão de distribuição de cheias, afectam a infiltração do distrito de uma forma que 12.Por outro lado, as zonas= moderadamente adequadas[11] têm profundidades médias de água subterrânea durante o período de não-monção, sugerindo a disponibilidade de armazenamento subterrâneo para recarga. A fraca disponibilidade de água subterrânea na bacia dá uma indicação de uma maior deterioração da condição no futuro.

Mostafa Moradi Dashtpagerdi, Hassan Vagharfard, Afshin Honarbakhsh, A. Khoorani, em 2013, efectuaram um trabalho de investigação para determinar as áreas adequadas para recarga artificial na planície de Sefieddasht. Foram explorados quatro factores, nomeadamente a qualidade aluvial, a espessura aluvial, o declive e os parâmetros da taxa de infiltração, tendo sido produzidos e classificados mapas utilizando o SIG. Foi utilizado um modelo de lógica difusa para determinar as áreas adequadas para a recarga artificial. Finalmente, os mapas de utilização dos solos foram utilizados como filtro. Com base na sobreposição da lógica Fuzzy, 4,12% da área de estudo era adequada para recarga artificial. Nesta matéria, pode dizer-se que as áreas adequadas foram reduzidas de 9,96% para 4,12% utilizando a filtragem da utilização do solo. De facto, a utilização do solo é um dos principais factores de restrição da gestão dos recursos hídricos.

Em 2013, Nezar Hammouri & Hani Al-Amoush & Marwan Al-Raggad & Sura Harahsheh efectuaram um levantamento das potenciais zonas de recarga de águas subterrâneas na parte sul do Vale do Jordão (JV). Esta área é considerada como a parte mais importante para a produção agrícola na Jordânia. A metodologia adoptada neste estudo baseia-se na utilização do modelo de pontuação SLUGGER-DQL aberto, que foi desenvolvido por Raymond et al (2009). Os sistemas de informação geográfica foram utilizados neste estudo para construir as diferentes camadas deste modelo e para criar as potenciais zonas de recarga de águas subterrâneas. Com base no mapa de potencial SLUGGER-DQL gerado, verificou-se que cerca de 70,8 % da área investigada foi classificada como de elevado potencial de recarga de águas subterrâneas, 18,7 % como moderada e 10,5 % como de baixo potencial de recarga de águas subterrâneas. Para validar os resultados do modelo, foi efectuada uma análise de sensibilidade para avaliar a influência de cada parâmetro do modelo nos resultados obtidos. Com base nesta análise, verificou-se que o parâmetro do declive (S) é o parâmetro mais sensível entre os parâmetros do modelo SLUGGER-DQL, seguido do nível da água no verão (L), da densidade dos poços (D), da qualidade da água (Q), da disponibilidade de escoamento superficial (R), da utilização/cobertura do solo e da geologia (GE), enquanto o parâmetro menos sensível é o parâmetro da geologia (GE). Além disso, os parâmetros R, D e Q apresentam os pesos efectivos mais baixos. Verificou-se que o peso efetivo de cada parâmetro difere do peso teórico atribuído pelo modelo de índice SLUGGER-DQL.

Amanpreet singh, S.N. Panda, K S Kumar e Chandra shekhar sharma identificam as zonas de recarga artificial de águas subterrâneas na bacia de Bist Doab do Punjab indiano em 2013 A bacia de Bist-doab foi dividida em quatro zonas, a saber, pobre, moderada, boa e muito boa, com base na análise que influencia a recarga de águas subterrâneas. Os pesos normalizados foram calculados utilizando o processo de hierarquia analítica de Saaty. As camadas temáticas foram integradas no ArcGIS para a delimitação das zonas de recarga artificial das águas subterrâneas. O mapa de recarga assim obtido foi dividido em quatro zonas (má, moderada, boa e muito boa) com base na sua influência na recarga das águas subterrâneas. Cerca de 15 e 18 % da área de estudo cai nas zonas de recarga de águas subterrâneas pobres e moderadas, 37 % na zona boa e 30 % da área total cai na zona muito boa. Uma quantidade relativamente muito boa de profundidade das águas subterrâneas na bacia sugere uma maior disponibilidade de armazenamento subterrâneo dinâmico durante o período sem monção

(seco) e, por conseguinte, é favorável à recarga artificial.

S. Venkateswaran e R. Ayyandurai, em 2015, demonstraram que a utilização integrada de técnicas geoespaciais e geofísicas é uma ferramenta eficaz para avaliar a recarga das águas subterrâneas, com base na qual podem ser identificados locais adequados para a extração de águas subterrâneas. A metodologia foi concebida através da integração de indicadores importantes das águas subterrâneas, como a geologia, a geomorfologia, o lineamento, o declive e a densidade de drenagem, para a exploração da zona de recarga das águas subterrâneas à escala da bacia hidrográfica. Os resultados revelam que a área se enquadra em quatro zonas de recarga de águas subterrâneas, variando de má a muito boa. Assim, a presente metodologia pode ser utilizada como diretriz para investigação futura em terrenos tão complexos em todo o mundo, dependendo do clima e da hidrogeologia da área. Os resultados obtidos podem ser utilizados para a gestão sustentável dos recursos hídricos subterrâneos na zona em termos de recarga artificial.

Capítulo 3

3 Área de estudo

3.1 Geral

A zona de estudo faz parte da sub-bacia de Seonath (um afluente da bacia de Mahanadi). A bacia hidrográfica de Kharun abrange os quatro distritos do estado de Chhattisgarh, nomeadamente Raipur, Dhamtari, Durg e Kanker.

3.2 Antecedentes

O estado de Chhattisgarh tem uma área geográfica de cerca de 135100 km2 e está dividido em cinco bacias hidrográficas: Mahandi, Godavari, Ganga Brahmani e Narmada. Estas bacias drenam 75858,45, 38694,02, 18406,65, 1394,55 e 743,88 km2 da área de captação, respetivamente. O Seonath é um rio não perene que tem a sua origem perto da aldeia de Panabaras, no distrito de Rajnandgaon. Serpenteia através das terras verdejantes de Chhattisgarh e é importante em termos da drenagem que oferece. A bacia do rio Seonath situa-se entre 20°16'N e 22°41'N de latitude e 80°25'E e 82°35'E de latitude. A área da bacia até à confluência do rio Seorinarayan com o rio Mahanadi é de 30860 km2 e fornece fontes de sustento para os agricultores e pescadores do Estado. O rio atravessa uma extensão de 380 km. O declive geral da bacia hidrográfica do rio Mahanadi é para norte e nordeste e, nalguns locais, para leste. A bacia hidrográfica do rio Seonath está dividida em a 16 bacias hidrográficas: kharun, jamunia, khorsi, lilagar, arpa, maniyari, sakari, karua, dotua, surkhi, amner, sukha, gamriya, dalekasa, Kharkhara, tandula e seonathmain. O rio Kharun junta-se-lhe a meio caminho.

3.3 Localização

A área de estudo é a sub-bacia de Kharun na bacia de Seonath do rio Mahanadi em Chhattisgarh, respetivamente. Toda a área de estudo da sub-bacia do Kharun está situada no Estado de Chhattisgarh, na Índia. O rio Kharun é um dos principais afluentes do rio Seonath, que nasce em Petechua, no bloco Balod, no sudeste do distrito de Durg e, após percorrer cerca de 164 km, junta-se ao rio Seonath perto de Somnath, a norte. A área está inserida na folha topográfica de 64G6, 64G7, 64G8, 64G10, 64G11, 64G12, 64G14, 64G15, 64G16, 64H5, 64H6, 64H7, 64H10 do Survey of India, à escala de 1:50.000, cobrindo uma área de cerca de 4191 km2 e situa-se entre as coordenadas geográficas 20°33'30ll N a 21°33'38ll N de latitudes e 81°17'51ll E a 81°55'25ll E de longitudes. A área de estudo abrange 3 distritos e 13 blocos, cujos pormenores são apresentados no quadro. A distribuição da área de estudo é mostrada na Tabela 3.2 e na *Figura 3.1.*

Quadro 3.1: Distribuição da área de estudo (sub-bacia de Kharun)

S.N.	Nome do distrito	Nome do bloco	Área (em km2)
1	RAIPUR	ARANG	336
		ABHANPUR	350
		TILDA	370
		DHARSIWA	652
2	DHAMTARI	DHAMTARI	230
		KURUD	298
3	DURG	DURG	45
		BALOD	60
		GUNDERDEHI	75
		DHAMDHA	231
		BERLA	338
		GURUR	470
		PATAN	736
TOTAL			**4191**

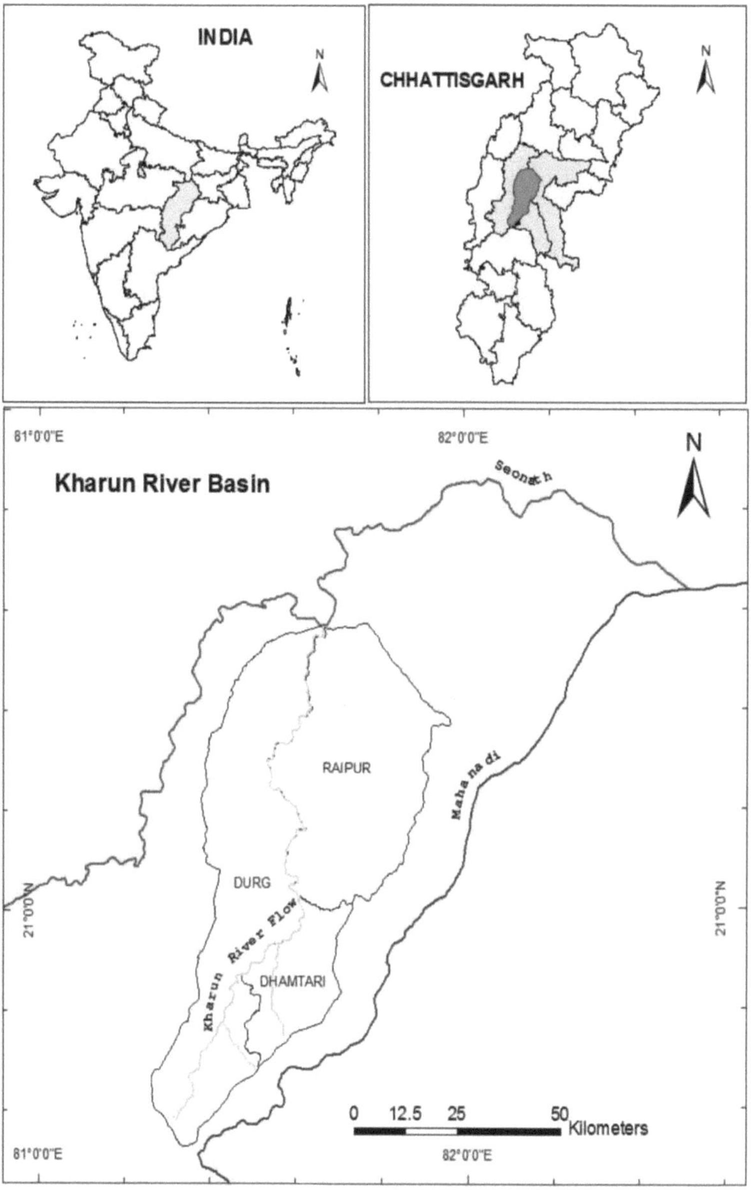

Figura 3.1: Mapa de localização da bacia de Kharun

3.4 Caraterísticas topográficas

As caraterísticas topográficas da área de estudo são analisadas utilizando a combinação de toposheets da Índia. As folhas topográficas n.ºs 64-G e 64H na escala 1:250.000. As toposheets foram obtidas no gabinete do Diretor do Centro de Dados Geoespaciais de Chhattisgarh, Survey of India, Chhattisgarh. A análise revela que a bacia hidrográfica de Kharun é drenada de sul para norte e nordeste. A elevação máxima e mínima em KC é de 427 m e 271 m acima do nível médio do mar, respetivamente. A KC representa uma pediplanície madura e é caracterizada por um terreno suavemente ondulado e plano. A informação topográfica da área de estudo é apresentada na *Figura 3.2*.

3.5 Caraterísticas climáticas

O clima do Estado de Chhattisgarh é do tipo sub-húmido seco. Tem três zonas agro-climáticas, nomeadamente a zona montanhosa do Norte, a zona da planície de Chhattisgarh e a zona do planalto de Bastar. A área de estudo situa-se na planície de Chhattisgarh. Há três estações, nomeadamente o inverno (de meados de outubro a meados de fevereiro), o verão (de meados de fevereiro a meados de junho) e a monção (de meados de junho a meados de outubro). A bacia hidrográfica de Kharun, na zona de estudo, tem geralmente um clima tropical seco e moderado, exceto no verão, quando a temperatura máxima atinge normalmente os 46° em fevereiro, quando a seca moderada a grave na bacia hidrográfica de Kharun é de cerca de 6 a 7 anos, sendo maio e janeiro os meses mais frios, com uma temperatura mínima diária que desce para cerca de 9°. O início da monção ocorre geralmente a partir de 15 de junho e a estação das monções prolonga-se até 15 de outubro. A maior parte da chuva da monção é recebida durante os meses de julho e agosto. As chuvas durante a estação das monções são devidas à monção do sudoeste e, ocasionalmente, são também observadas chuvas ciclónicas resultantes da depressão na Baía de Bengala. Os dados de precipitação a longo prazo da bacia hidrográfica de Kharun revelam que cerca de 90% da precipitação ocorre nos cinco meses sucessivos de junho a outubro. A recorrência da seca numa escala inferior ocorre de 3 em 3 ou de 4 em 4 anos.

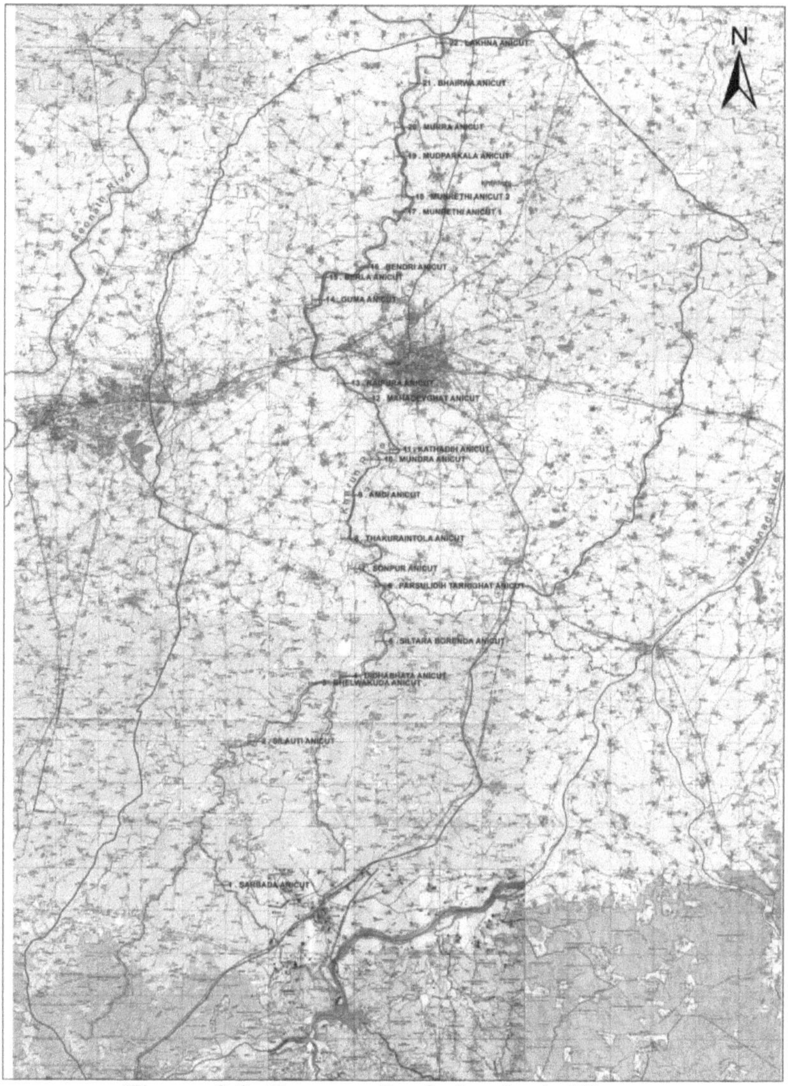

Figura 3.2: Topografia da bacia de Kharun

3.6 Caraterísticas geológicas

A área de estudo está coberta por diversos tipos de rochas de diferentes idades geológicas, do Pré-Câmbrico ao Recente e do Azoico ao Quaternário. Todas estas formações geológicas têm as suas caraterísticas hidrológicas particulares, que controlam a ocorrência, o movimento e a disponibilidade das águas subterrâneas. Os cristais Arqueanos compreendendo granitos, gnaisses das principais unidades litológicas da área de aquíferos confinados. A informação geológica da área de estudo é apresentada na Tabela 3.3 e *a Figura 3.3* mostra o mapa geológico da área de estudo.

Tabela 3.2: Informação geológica da área de estudo

<table>
<tr><th>Idade</th><th colspan="3">Grupo</th><th>Litologia</th></tr>
<tr><td rowspan="2">Quaternário</td><td colspan="4">Aluvião/Coluvião</td></tr>
<tr><td colspan="4">Laterite</td></tr>
<tr><td rowspan="5">Proterozoico médio</td><td rowspan="5">Supergrupo de Chhattisgarh</td><td rowspan="4">Grupo Raipur</td><td>Tarenga</td><td>Xisto e dolomite</td></tr>
<tr><td>Chandi / Bamandihi</td><td>Calcário e xisto</td></tr>
<tr><td>Gunderdihi</td><td>Xisto</td></tr>
<tr><td>Charmuria</td><td>Calcário e xisto</td></tr>
<tr><td colspan="2">Grupo Chandrapur</td><td>Arenito, siltito, xisto e conglomerado</td></tr>
<tr><td>Protorozóico inferior</td><td colspan="3">Grupo Dongargarh</td><td>Granito</td></tr>
</table>

Fonte: CGWB NCCR Region, Raipur "State Report Hydrogeology of Chhattisgarh" (Relatório do Estado Hidrogeológico de Chhattisgarh)

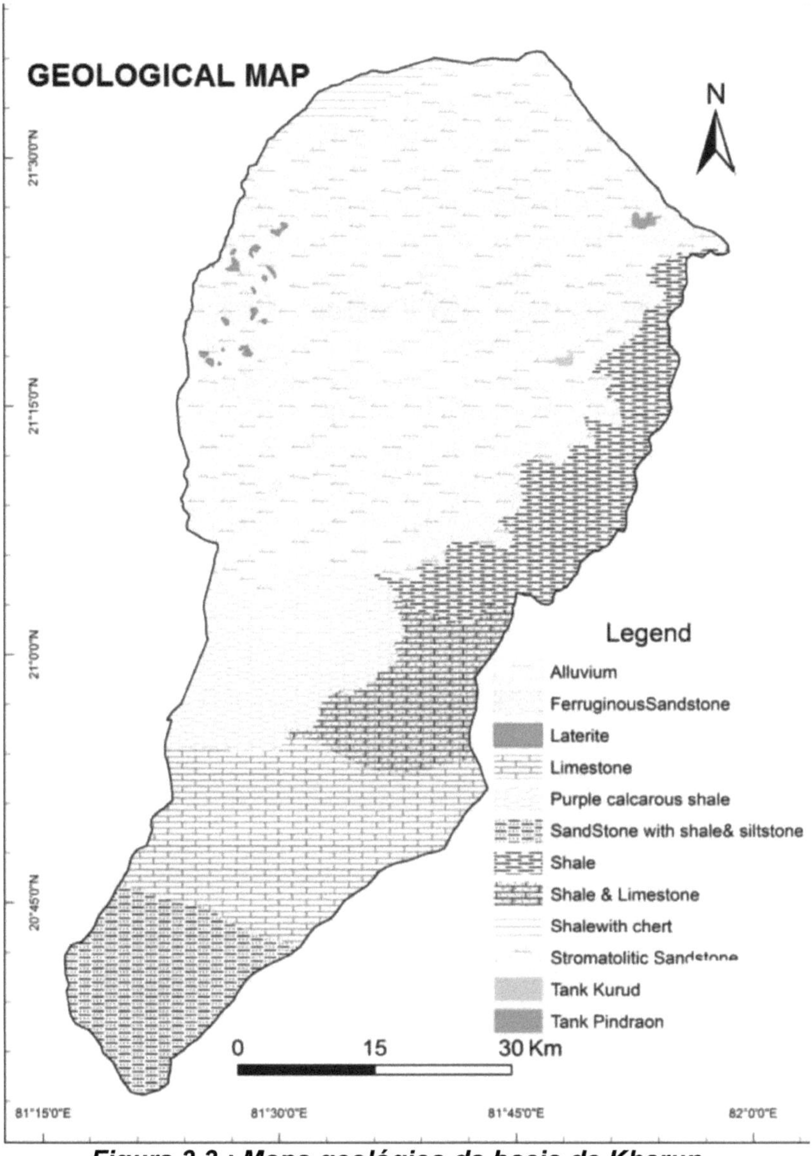

Figura 3.3 : Mapa geológico da bacia de Kharun

3.6.1 Grupo Dongargarh

A associação de basalto-riolito boleítico continental bi-modelo com plutão de granito epizonal e stocks caracterizam o grupo Dongargarh do Proterozoico inferior. O granito (monazite de quartzo) tem o nome da famosa colina de Dongargarh. Plutões de microgranito de grão fino a médio, ricos em potássio e cor-de-rosa, intruduzidos nos andesitos, assemelham-se ao batólito de Gregariah. A inclusão de metamórficos mais antigos, granitizados em vários graus, é encontrada em toda a área. A tendência NNW-SSE destas inclusões coincide com a tendência dos granitóides. A quantidade de mergulho varia de 40° a 65° para leste e oeste, indicando dobras anteriores. Os gnaisses estão expostos na parte ocidental da área e mudam gradualmente para granitos cinzento-rosados em direção a leste. A faixa de migmatitos representa a fase intermédia entre estes dois. Nela ocorrem pegmatitos e veios de quartzo. Perto de Payalikhand, estes granitos são intrudidos por tubos de kimberlito. Os granofitos desenvolvem-se nos contactos do granito de Dongargarh e fazem parte dos Bijlivolcanics. Trata-se de rochas duras e compactas, lucocráticas, com texturas propiríticas e micrográficas. Os fenocristais de quartzo estão rodeados de feldspatos. Os feldspatos são comuns dando origem à mirmequite. Estes intercrescimentos gráficos e de mirmequite são ocasionalmente desenvolvidos na matriz ou no espaço entre o quartzo e os feldspatos. Os feldspatos são alterados em sericite, clinozosite e calcite. A biotite e o vidro também estão presentes em algumas rochas.

3.6.2 Supergrupo de Chhattisgarh

O supergrupo de Chhattisgarh inclui muitos grupos descritos a seguir

3.6.2.1 Grupo Chandrapur

As rochas do supergrupo Chhattisgarh foram classificadas em grupo Chandrapur e grupo Raipur. As rochas do grupo Chandrapur são as mais antigas do supergrupo Chhattisgarh e podem ser divididas em três formações, nomeadamente Lohardih, Choparadih e Kansapathar, dispostas por ordem ascendente de sobreposição. A sequência apresenta uma espessura variável, que vai de 20 m a 90 m. A espessura máxima é atingida na parte SE, diminuindo para oeste, bem como para o lado norte, e sobrepondo-se diretamente ao embasamento cristalino.

A unidade é maioritariamente de natureza arinítica e é geralmente composta por uma matriz espessa suportada por conglomerados polimíticos, arcoses, subarcoses e arenitos de wacke assentes em granitóides recompostos. Caracteristicamente, a rocha apresenta um afinamento para cima e arredondamento do tamanho do grão acompanhado por uma melhor seleção.

Os conglomerados compõem-se geralmente de clastos angulares a subangulares de quartzo, feldspato e fragmentos líticos, o que revela uma fraca esfericidade. Estão presentes estruturas sedimentares, tais como a formação de leitos graduados em pequena escala e a formação de leitos cruzados. Esta formação está bem exposta na zona do templo de Ranimata, no bloco de Balod.

3.6.2.2 *Formação Chaporadih*

Compreende arenito de grão fino a arkosicarenito sub-revestido intercalado com siltito de xisto e lama. A rocha é composta por quartzo e feldspato subangulares a subarredondados, cimentados com material silicioso. Verifica-se um aumento do tamanho do grão acompanhado por uma melhor esfericidade e seleção. Na parte superior aparecem gradualmente siltitos de cor caqui e glauconíticos, desenvolvendo-se localmente conglomerados intraformacionais.

3.6.2.3 *Formação Kanspathar*

A formação Chopradih sobe gradualmente para a formação Kanspathar, que apresenta arenito altamente amadurecido, de cor branca a cinzenta clara e frequentemente púrpura, ferruginoso e bem selecionado. Contém glauconite omnipresente. Os grãos de quartzo são geralmente arredondados com elevada esfericidade. É comum o crescimento excessivo autogénico em torno dos grãos de quartzo. A rocha é caracterizada por estruturas tabulares e de leito cruzado. A rocha é caracterizada por estruturas tabulares e de leito cruzado em forma de calha. A formação atinge de N 60° E a S 60° W e NE-SE com mergulhos de 3-6° na direção. A formação de ataque NE-SW com um mergulho muito suave, variando de quase horizontal a 3° de oeste para noroeste. Nalguns locais, a Chandrapurarenite está interconectada com xisto.

3.6.3 Grupo Raipur

O grupo compreende predominantemente a sequência carbonato-argilito, conformada em seis formações do grupo Chandrapur com um contacto gradacional. O grupo foi subdividido em seis sub-formações que representam três ciclos de sedimentação de argilito-carbonato, nomeadamente Charmuria e Gunderdehi, Chandi e Tarenga, Hirri e Maniyari, dispostos por ordem ascendente de sobreposição. Na área de estudo, apenas as formações Charmuria e Gunderdehi e Chandi estão bem desenvolvidas.

3.7 Caraterísticas do solo

A parte superior da zona de estudo é constituída por solos de cor clara e as zonas adjacentes aos vales dos rios têm solos suaves e férteis. Na área de estudo encontram-se quatro tipos principais de solo: bhata (entisols- sandy loam), dorsa (alfisols-loam), Matasi (inceptisol-sandy clay loam), kanhar (vertisols- clay). Kanhar é visto na parte mais baixa da toposequência, é de cor preta e é ideal para o cultivo de culturas. Dorsa e Matasi (solo médio) são adequados para o cultivo de arroz e Bhata (terras altas) para Kodo, Kulthi, Milho e Kutki. A zona em torno do rio Kharun é muito fértil. Nos distritos de Raipur e Durg predominam os solos argilosos vermelhos e amarelos, ou seja, os inceptisols, localmente designados por Matasi (com baixo teor de azoto e húmus).

3.8 Utilização das terras / padrão de cultivo

O arroz é a principal cultura da sub-bacia de Kharun. A zona de estudo faz parte de Chhattisgarh, popularmente conhecida como "Rice Bowl of Central India", onde se cultiva um grande número de variedades de arroz autóctones. A maior parte da produção de arroz provém desta região. Para além do arroz, outras culturas cultivadas nesta zona são as oleaginosas, o trigo, os cereais secundários, o amendoim, o milho e as leguminosas. Uma parte da zona mais a sul da área de estudo é abrangida por uma floresta densa moderada e uma área de floresta aberta. Há uma tendência entre os agricultores da área de estudo para monocultura, ou seja, apenas arroz durante e, em algumas partes, os agricultores também cultivam arroz durante a estação Rabi. No entanto, devido a intervenções do governo estatal, a área de segunda cultura está a aumentar onde existem instalações de irrigação. No âmbito do programa de rotação de culturas, o governo estatal está a incentivar os agricultores a cultivar segundas culturas de regadio, como o trigo, o amendoim, a grama, a soja, o girassol, etc.

Capítulo 4

4 Aplicação do SIG

4.1 Geral

Os SIG oferecem uma nova e poderosa ferramenta para a recolha, armazenamento, gestão e visualização de informações relacionadas com mapas. Integra hardware, software e dados para a captura, gestão, análise e visualização de todas as formas de informação geograficamente referenciada. Armazena informações sobre o mundo como uma coleção de camadas temáticas que podem ser ligadas entre si geograficamente. Este conceito simples, mas extremamente poderoso e versátil, revelou-se inestimável para a resolução de muitos problemas do mundo real. A maior complexidade dos principais problemas da bacia hidrográfica é a informação defeituosa, a incerteza e a falta de dados temporais; estas são uma das principais razões para a falta de uma componente de composição completa quando utilizada em modelos casuais. Nesta condição, a atitude sistemática sobre a composição da medição é que a variável na categoria está relacionada com este problema no domínio espácio-temporal e a utilização do SIG no desenvolvimento e análise dos dados brutos com a aplicação de técnicas adequadas para estimar o processo de uma independência desconhecida de entrada-saída.

No estudo, o software ARCGIS é utilizado para a distribuição espacial e, por isso, pode ser aplicado a várias técnicas de correlação para a geração de mapas de recarga de águas subterrâneas artificiais. Isto inclui mapas de pontos relacionados com a estação de precipitação e a localização de poços, incluindo também linhas e polígonos para diferentes redes de transporte, área da bacia, área irrigada e vários outros mapas.

4.2 Software utilizado

Para o estudo, é utilizado um pacote de software comercial denominado ArcGIS. Dois subprogramas essenciais incluídos neste pacote são denominados ArcCatalog e ArcMap. O ArcCatalog é utilizado para criar, apagar e editar os ficheiros de dados espaciais. O ArcMap é a principal aplicação onde os dados são analisados e processados. Os dois tipos de dados espaciais utilizados são os ficheiros vectoriais e raster. Os dados vectoriais contêm caraterísticas definidas por um ponto, uma linha ou um polígono. Os modelos de dados vectoriais são úteis para armazenar e representar caraterísticas discretas, tais como edifícios e estradas. O ArcGIS implementa os dados vectoriais como ficheiros de forma. Os dados raster são compostos por uma matriz retangular de células. Cada célula tem uma largura e uma altura e é uma parte de toda a área representada pelo raster. Cada célula tem um valor, que representa o fenómeno retratado pelo conjunto de dados raster, tal como uma categoria, magnitude, distância ou valor espetral. A categoria pode referir-se a uma classe de utilização do solo, como prado ou urbano. As dimensões da célula podem ser tão grandes ou tão pequenas quanto necessário para representar corretamente a área. A localização de cada célula é definida pelo seu sistema de referência ou projeção. Neste estudo, a projeção utilizada é a WGS_1984_UTM_Zone_44N para todos os tipos de dados. A utilização da mesma projeção permite que as camadas raster se sobreponham umas às outras.

O ArcGIS 10.1 (pacote ArcInfo) com analista espacial, área de superfície e rácio da extensão da grelha de elevação é útil para o cálculo automático da área de superfície e para fornecer estatísticas da área de superfície. A interpolação é efectuada através de spline. A interpolação spline tem um conceito em que os pontos de amostra são extrudidos até à altura da sua magnitude; o spline dobra uma folha de borracha que passa pelos pontos de entrada, minimizando a curvatura total da superfície. O spline ajusta uma função matemática a um número especificado de pontos de entrada mais próximos enquanto passa pelos pontos de amostra.

Existem dois métodos Spline: Regularizado e Tensão.

> O método regularizado cria uma superfície suave e gradualmente variável com valores que podem estar fora do intervalo de dados de amostra.

> O método de tensão controla a rigidez da superfície de acordo com o carácter do fenómeno modelado. Cria uma superfície menos suave com valores mais limitados pelo intervalo de dados da amostra.

4.3 Análise GIS

Os SIG funcionam com dois tipos de modelos geográficos fundamentalmente diferentes, como o modelo vetorial e o modelo raster. O modelo vetorial é útil para descrever caraterísticas diretas, mas menos útil para descrever caraterísticas que variam continuamente, enquanto o modelo raster descreve as caraterísticas que variam continuamente. Neste projeto, utiliza-se o modelo WGS_1984_UTM_Zone_44N para todos os tipos de dados. No modelo vetorial, a informação sobre pontos, linhas e polígonos é codificada e armazenada como uma coleção de coordenadas x, y. A localização de elementos pontuais, como um furo, pode ser descrita por uma única coordenada x e y. As caraterísticas lineares, como estradas e rios, podem ser armazenadas como uma coleção de pontos conhecida como polilinha. As caraterísticas poligonais são armazenadas como um ciclo fechado de coordenadas. Uma imagem rasterizada é constituída por um conjunto de células de grelha. A integração de mapas geográficos e informações de campo com vários mapas temáticos preparados a partir de teledeteção e toposheet foi efectuada utilizando o ArcGIS.

VECTOR - Um modelo de dados baseado em coordenadas que representa caraterísticas geográficas como pontos, linhas e polígonos. Cada elemento pontual é representado como um único par de coordenadas, enquanto os elementos lineares e poligonais são representados como listas ordenadas de vértices.

RASTER - Um modelo de dados espaciais que define espaços como uma matriz de células de tamanho igual dispostas em linhas e colunas como pixéis. Cada célula contém um valor de atributo e uma coordenada de localização. Ao contrário de uma estrutura vetorial, que armazena as coordenadas explicitamente, as coordenadas raster estão contidas na ordenação da matriz. Os grupos de células que partilham o mesmo valor representam caraterísticas geográficas.

TABELA DE ATRIBUTOS - A informação tabular é a base das caraterísticas geográficas, permitindo visualizar, consultar e analisar os dados. Em termos mais simples, as tabelas são arranjos sistemáticos para identificação de diferentes caraterísticas como linhas e colunas.

DATUM - é uma representação da superfície da Terra, um elipsoide que tem uma correção local para ter em conta a natureza irregular da superfície da Terra. O datum mais comum e o datum global mais aceite é o WCS84 na ÍNDIA. Mesmo um sistema recetor GPS tem também um sistema de coordenadas baseado no WGS84.

SHAPE FILE - O Shape File é o formato mais comum para os dados vectoriais no ArcView. Os dados vectoriais utilizam pontos, linhas e polígonos para representar as caraterísticas do mapa. O SIG vetorial é excelente para representar objectos discretos, tais como parcelas, ruas e limites administrativos. O SIG vetorial não é tão bom para representar objectos que variam continuamente no espaço, como a temperatura e a elevação. A visão comum dos ficheiros shape através do ArcMap ou do ArcCatalog é a de um único ficheiro, mas os ficheiros shape contêm muitos ficheiros de suporte com diferentes extensões: **.shp** - o ficheiro que armazena as caraterísticas da geometria, como pontos, linhas e polígonos.

.shx- o ficheiro que armazena o índice da geometria da caraterística

.dbf- o ficheiro que armazena a informação sobre os atributos da caraterística. Quando um ficheiro de forma é adicionado como tema a uma vista, este ficheiro é apresentado como uma tabela de caraterísticas.

.sbn e .sbx - o ficheiro que armazena o índice espacial das caraterísticas. Estes dois ficheiros podem não existir até que o utilizador efectue a seleção de tema sobre tema, junção espacial ou crie um índice no campo de forma de um tema.

.pjr- o ficheiro que armazena informações sobre a projeção. Este ficheiro só existirá para a forma.

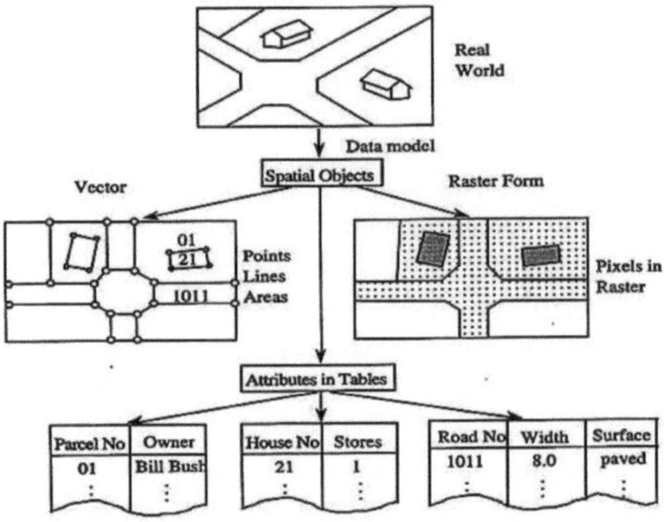

Source: http//www.forums.esri.com

Figura 4.1: Representação do mundo real em forma vetorial e raster

4.3.1 Ferramentas utilizadas

Na presente análise é utilizada a versão ArcInfo. O ArcInfo é o SIG de secretária mais completo. Inclui todas as funcionalidades do ArcEditor e do ArcView e acrescenta análises espaciais avançadas, dados alargados e manipulação. As organizações utilizam o poder do ArcInfo todos os dias para criar, editar e analisar os seus dados, a fim de tomarem melhores decisões mais rapidamente. Alinhamento de dados geográficos com um sistema de coordenadas conhecido para que possam ser visualizados, consultados e analisados com outros dados geográficos. Pode implicar deslocar, rodar, escalar, enviesar e, nalgumas áreas, deformar, cobrir com borracha ou orto-retificar os dados. As várias ferramentas utilizadas são explicadas uma a uma:

I) Georreferenciação - É o processo de adicionar um sistema de coordenadas do mundo real a uma imagem digital ou raster, o que inclui o alinhamento de dados geográficos com um sistema de coordenadas conhecido, de modo a que possam ser visualizados, consultados e analisados com outros dados geográficos, como *mostra* a *figura 4.1.*

Processo de Georeferenciação:

> Abrir janela

> Adicionar ficheiro de imagem digitalizada (normalmente Toposheet)

> Clique em (adicionar ponto de controlo) na barra de ferramentas de georreferenciação

{then " clique + clique com o botão direito do rato num ponto para introduzir X & Y"}

> Introduzir coordenadas em graus decimais

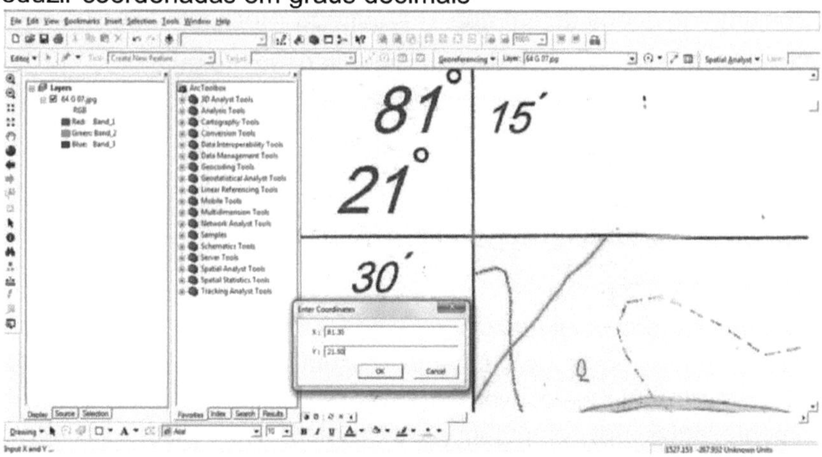

Figura 4.2: Uma visão geral do processo de georreferenciação

A imagem abaixo mostra a barra de ferramentas de Georreferenciação.

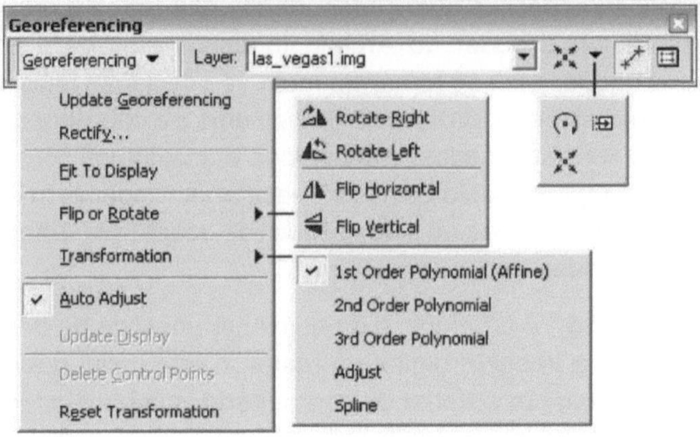

> **Retificar** (barra de ferramentas de georreferenciação)

> Alterar nome + Guardar

> Nova janela

> Adicionar dados >>> "Retificar imagem"

> Ir (**Caixa de ferramentas do arco**)

> Ferramenta de gestão de dados

> Projeção e transformação

> **Definir projeção**

> Conjunto de dados de entrada >>> entrada "Retificar imagem"

> Sistema de coordenadas >>> no sistema de coordenadas X-Y

> GCS (Sistema de Coordenadas Geográficas)

>> mundo

>> WGS 1984

Aplicar.

II) Digitalização - O processo de representação de um sinal analógico ou de uma imagem por um conjunto discreto dos seus pontos é conhecido como digitalização ou conversão de elementos de um mapa em papel para formato digital. Estes dados, após a conversão, estão em formato binário ou vetorial, que é diretamente legível por computador. As coordenadas x,y destas caraterísticas são registadas automática ou manualmente e armazenadas como dados espaciais.

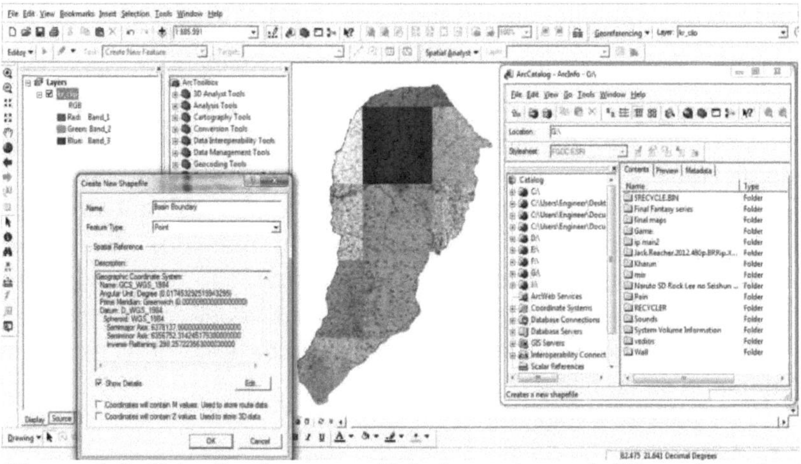

Figura 4.3: Criação de novos ficheiros shape (utilizando o ArcCatalog)

Processo de digitalização:

> **Criar um ficheiro shape vazio e abrir o ArcCatalog**
> *criar um novo ficheiro de forma*

A imagem mostra a barra de ferramentas Digitalização.

> Ir para o **ArcCatalog**

> Navegue até à localização do seu ficheiro MXD atual

> Selecione essa pasta e clique nela com o botão direito do rato

> Ir para novo ficheiro de formato para abrir a janela Criar novo ficheiro de formato

> Dê um nome adequado ao ficheiro de forma e clique em Editar para ver o

Sistema de coordenadas do ficheiro. Na janela Propriedades da Referência Espacial, clique em Importar para escolher a projeção do respetivo camada rasterizada/rectificada

> Clique em OK e novamente em OK para criar o ficheiro de forma.

III) Sobreposição - É uma operação SIG em que camadas com uma base cartográfica comum e registada são unidas com base na sua ocupação de espaço. A função de sobreposição cria mapas compostos através da combinação de diversos conjuntos de dados. Uma operação de sobreposição é muito mais do que uma simples fusão de linhas; todos os atributos das caraterísticas que fazem parte da sobreposição são mantidos. Exemplos: estradas de exploração florestal (linhas) e tipos de vegetação (polígonos) são sobrepostos para criar uma nova camada de linhas. As linhas foram divididas onde foram intersectadas por polígonos, e a cada caraterística de linha foram atribuídos os atributos de ambas as camadas originais.

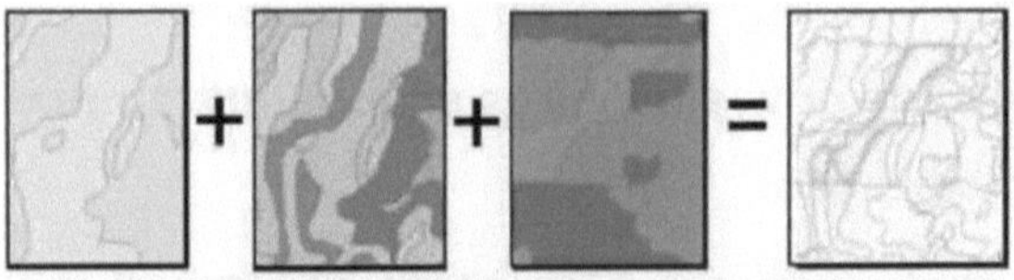

FID	Shape*	FID_soils	CODE	CLASS	FID_sl	SLOPE	FID_veg	DET_TYPE
3039	Polygon	508	38F	6	0	60	117	A
3040	Polygon	508	38F	6	0	60	119	SS
3041	Polygon	508	38F	6	0	60	157	U
3042	Polygon	508	38F	6	0	60	158	A
3043	Polygon	508	38F	6	0	60	160	FC

Source: http://resources.esri.com/

Figura 4.4: Operação de sobreposição

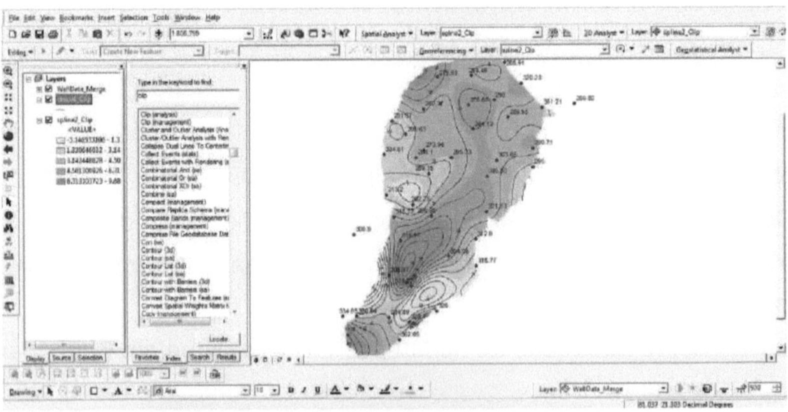

Figura 4.5: Sobreposição

IV) Corte/enchimento e grampo - Esta operação é um procedimento no qual a elevação da superfície de um relevo é modificada pela remoção ou adição de material de superfície. Esta ferramenta resume as áreas e volumes de alteração de uma operação de corte e aterro . Ao obter superfícies de um determinado local em dois períodos de tempo diferentes, identifica regiões de remoção de material de superfície, adição de material de superfície e áreas onde a superfície não foi alterada. Utilize esta ferramenta para cortar uma peça de uma classe de caraterística utilizando uma ou mais caraterísticas de outra classe de caraterística "cortador de biscoitos". Isto é particularmente útil para a criação de uma nova classe de caraterística, também designada por área de estudo ou área de interesse, que contenha um subconjunto geográfico da caraterística noutra classe de caraterística maior.

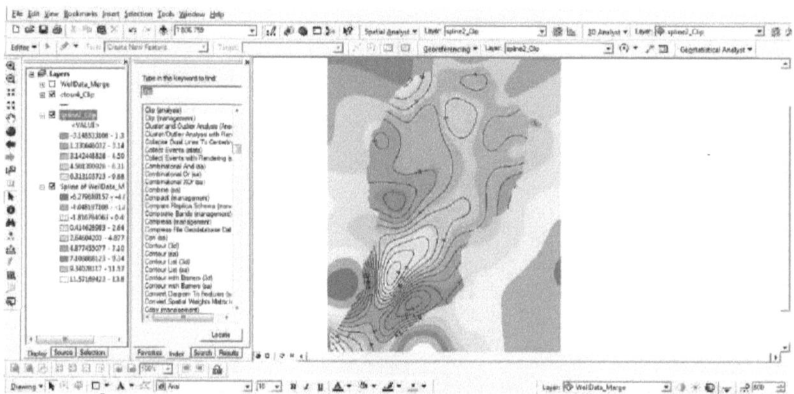

Figura 4.6: Área requerida para a aplicação de clips a partir do nível da água DEM

V) Modelo Digital de Elevação (DEM) - O modelo digital de elevação é um conjunto de dados cartográficos ou geográficos digitais de elevações em coordenadas XYZ. A elevação do terreno das coordenadas do solo é amostrada em intervalos horizontais espaçados regularmente. Os DEM são derivados de dados hipsográficos (curvas de nível) ou de métodos fotogramétricos.

Existem dois métodos explicados para criar DEM.

<u>**Método I**</u>:- ***Criação de DEM e contorno utilizando dados GPS.***

> *Primeiro, ativar* **a extensão da ferramenta de análise espacial**

> Aceda ao menu Extensões e selecione Spatial Analyst para ativar esta extensão

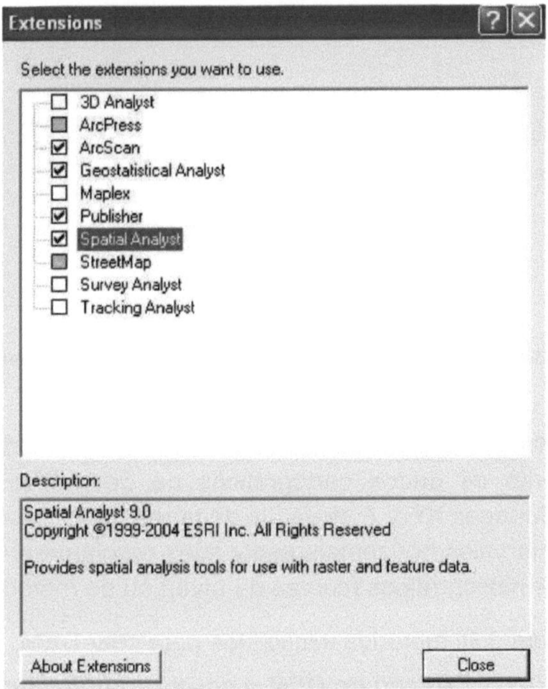

Selecionar um sistema de coordenadas:

^ Pré-definido

Sistema de coordenadas projectadas

^ UTM

^ WGS_1984_UTM_Zone_44N (ou selecionar a zona pretendida)

> Em seguida, aceda a Ferramentas

> Adicionar dados XY ^ Procurar

{Dê a localização dos dados GPS do Excel}

> Definir o valor das células X e Y

> A partir do botão **Editar**, é necessário definir novamente a projeção dos seus dados espaciais

> Definir sistemas de coordenadas

Selecionar um sistema de coordenadas:

Sistema de coordenadas projectadas

^ WGS_1984

^ WGS_1984_UTM_Zone_44N (ou selecionar a zona pretendida)

> *(Camada gerada)*

Agora são apresentados os dados de exportação

^ Camadas

J clicando com o botão direito do rato numa determinada camada

> Dados ^ Exportar dados

(o quadro de dados)

> Nova camada (Export_Output) guardá-la

> Na **barra de ferramentas do Spatial Analyst**

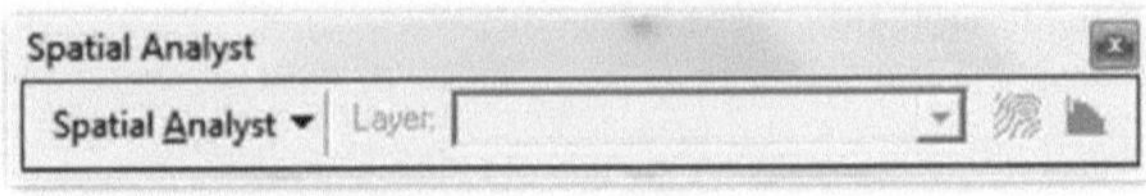

> Clique em Spatial Analyst

> Selecionar Interpolar para rasterização

> Na caixa de diálogo do menu suspenso

> Existem três métodos

> Aqui apenas

> O método da distância inversa ponderada (IDW) é explicado

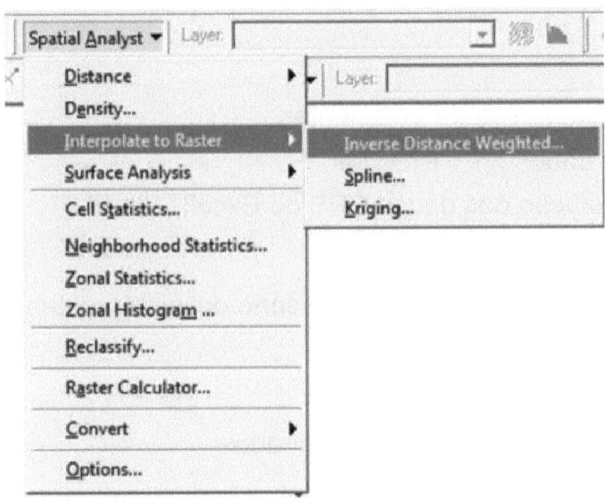

> Procurar Pontos de entrada

> Definir o valor Z (dados de elevação)

> Personalize as propriedades de rasterização de saída de acordo com as suas necessidades, como

Tipo de raio, número de pontos, tamanho da célula de saída.

> **DEM *gerado***

Extração de contornos a partir de DEM

> Ferramenta de análise espacial Go

> Análise de superfície

> Contorno (superfície de entrada DEM)

> Definir a caraterística de saída e clicar em OK

> O contorno será traçado.

<u>**Método II**</u>:- ***Criação do DEM e do contorno através da digitalização da folha de topo.***

Consulte as ferramentas de georreferenciação e digitalização.

> Após a digitalização

> Agora, a camada vetorial é o seu Contorno

> E para criar DEM

> Mais uma vez, trata-se do mesmo processo que o método I anterior

> Ir para o Spatial Analyst

> Definir o valor Z ou as elevações

> Analista espacial ^ Estatísticas de vizinhança

> Preencha os campos pretendidos para criar um ficheiro de imagem raster.

Na presente análise é utilizada a versão ArcInfo. O ArcInfo é o SIG de secretária mais completo. Inclui todas as funcionalidades do ArcEditor e do ArcView e acrescenta análises espaciais avançadas, dados alargados e manipulação. As organizações utilizam o poder do ArcInfo todos os dias para criar, editar e analisar os seus dados, a fim de tomarem melhores decisões mais rapidamente. Alinhamento de dados geográficos com um sistema de coordenadas conhecido para que possam ser visualizados, consultados e analisados com outros dados geográficos. Pode implicar deslocar, rodar, escalar, enviesar e, nalgumas áreas, deformar, cobrir com borracha ou orto-retificar os dados. As várias ferramentas utilizadas são explicadas uma a uma:

4.4 Conceção de bases de dados geográficas

A conceção de um SIG envolve a organização da informação geográfica numa série de temas de dados como camadas que podem ser integradas utilizando a localização geográfica. Assim, faz sentido que a conceção de uma base de dados geográfica comece por identificar os temas de dados a utilizar, especificando depois o conteúdo e a representação de cada camada temática.

Este trabalho começa com a criação de uma base de dados para a avaliação quantitativa da zona de recarga, incluindo: topografia, geologia e dados hidrológicos. O SIG é utilizado para converter estes mapas em modo raster. A conversão consiste na fragmentação de um mapa numa série de pixéis com tamanho definido (100*100 m). A cada pixel é atribuído um valor numérico. A grelha resultante corresponde a um suporte para os sete parâmetros. Assim, o resultado é calculado para cada pixel, o que implica uma resolução elevada. O SIG é também utilizado para gerar o mapa da zona de recarga das águas subterrâneas através da sobreposição dos sete mapas temáticos. *A Figura 4.5* resume as técnicas de pré-processamento e de manipulação do SIG utilizadas para criar as sete camadas de dados de entrada para a análise.

4.5 Preparação de camadas temáticas

Neste capítulo, os mapas necessários para a análise incluem a Geomorfologia, a Litologia, a Drenagem, os Solos, a Topografia (declive), a Estrutura e o LULC. Isto é conseguido no ArcGIS através da definição hidro-geológica de todos os parâmetros utilizando a ferramenta de sobreposição e a ferramenta Raster Calculator. Por defeito, o ficheiro de saída é direcionado para uma pasta temporária. Para gerar um ficheiro de saída permanente, é necessário o caminho completo da pasta do espaço de trabalho, juntamente com o nome desejado do ficheiro de saída. Os resultados obtidos através da análise dos dados são apresentados e discutidos nesta secção.

4.5.1 Criação de dados geo-espaciais

Depois de o mapa de campo ser georreferenciado, o passo seguinte é digitalizá-lo e criar todo o tipo de dados geoespaciais.

Criar uma geodatabase

> Todos os dados que são criados para o mapa (
ficheiros de forma de pontos, linhas e polígonos
) serão armazenados numa base de dados geográfica. Para criar uma

geodatabase,

> Abrir o ArcCatalog e navegar no espaço de trabalho

> Clique com o botão direito do rato na grande janela à direita e selecione New -Personal Geodatabase.

> Dar-lhe um nome adequado

> Armazenar todos os dados que estão prestes a ser criados.

Criar um conjunto de dados de caraterísticas

Um feature dataset é um contentor para guardar dados cartográficos relacionados. É uma espécie de -sub-base de dadosll dentro de uma geodatabase maior. Os conjuntos de dados de elementos geográficos contêm informação geográfica relacionada, tal como todos os elementos que compõem um único mapa. Estes são necessários para que possamos relacionar e converter informação, como por exemplo, pegar num conjunto de linhas e criar polígonos a partir delas.

Eis os passos para criar um conjunto de dados de caraterísticas:

> Abrir a janela de conteúdo da geodatabase pessoal.

> Basta fazer um duplo clique no ícone da geodatabase no ArcCatalog.

> Clique com o botão direito do rato na janela -Contentsll e selecione New Feature Dataset.

> Dê-lhe um nome apropriado. Uma vez que este conjunto de dados conterá principalmente informações, dê-lhe um nome como - geologyll.

> A pergunta seguinte pede para definir o sistema de projeção/coordenação para o conjunto de dados. Utilize o mesmo sistema que foi utilizado anteriormente ao configurar o projeto ArcMap.

> No exemplo deste tutorial, selecione Predefined -Projected Coordinate Systems -UTM - WGS1984 - UTM Zone 44N.

> Clicar em -Nextll.

> Clique em -Finalizar!

O conjunto de dados das caraterísticas aparecerá agora como parte da geodatabase.

Criar uma classe Topologia

A palavra topologia significa basicamente - relações geométricas. Uma caraterística muito interessante que o ArcCatalog pode fazer é utilizar a sua classe de caraterística de linha e criar polígonos a partir dessas linhas. É útil quando se cria um mapa e se definem diferentes unidades de mapa.

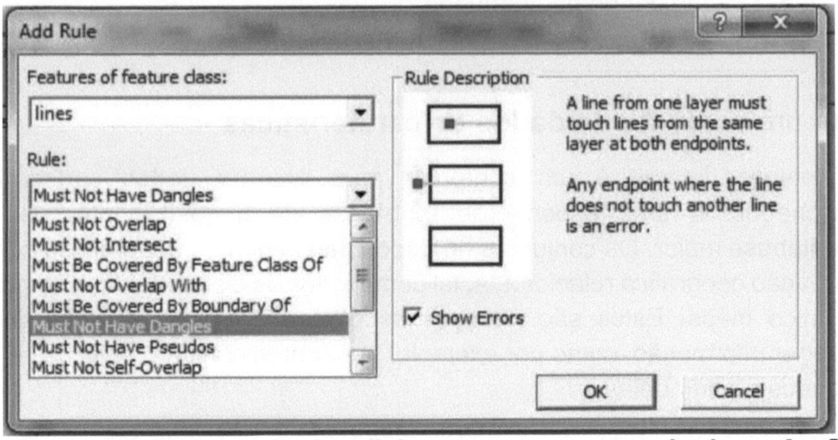

Figura 4.7: Uma janela de adicionar regra para topologia no ArcGIS

Para já, eis como configurar a sua topologia:

> No ArcCatalog, clique com o botão direito do rato na janela de conteúdo do Feature Dataset. Selecione New -Topology.

> O assistente -New Topologyll será exibido. Clique em -Nextll.

> Nomear a classe de topologia. Clique em -Nextll.

> Marque a caixa junto à classe de caraterística da linha e clique em -Próximo.

> Clique no botão -Adicionar regrall.

> Uma vez adicionadas estas duas regras, clique em -Nextll.

> Clique em -Finalizar!

O ArcCatalog criará a topologia, e receberá uma mensagem de erro dizendo que -No features were found within the extent of the topologyl, e clique em OK.

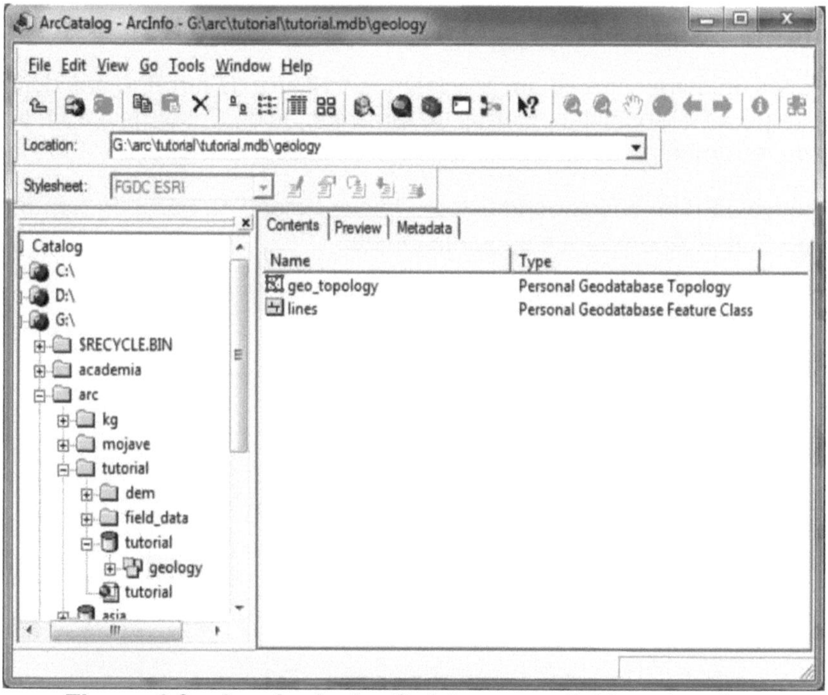

Figura 4.8 : Janela do ArcCatalog para Add up topology

4.5.2 Edição de dados

Depois de criar classes de caraterísticas utilizando o ArcCatalog, estas podem ser carregadas num projeto ArcMap e editadas. Esta parte apresentará os passos básicos necessários para editar conjuntos de dados de caraterísticas.

Carregar os seus dados no projeto

> Clique no ícone -Adicionar dados e navegue para a sua base de dados geográfica.

> Basta clicar UMA VEZ no seu conjunto de dados de caraterísticas.

> Clicar uma vez no conjunto de dados seleciona-o e, em seguida, clicar em -Adicionar II.

> Terão sido adicionadas três novas camadas - as três que criou dentro do conjunto de dados de caraterísticas (linhas, pontos e topologia).

Configurar o editor

> Antes de começar a editar, precisamos da barra de ferramentas do Editor. Vá para Personalizar - Barras de ferramentas do Editor. Isto abre a barra de ferramentas do Editor.

> Active o Editor escolhendo Editor - Iniciar Edição na barra de ferramentas do Editor. Aparecerá a seguinte janela

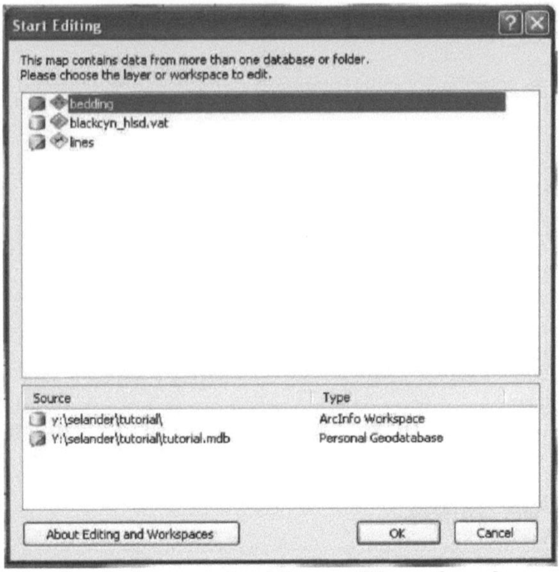

Figura 4.9: Edição de dados no ArcView utilizando a barra de ferramentas do editor

A partir desta janela, escolha um único ficheiro de forma ou classe de caraterística para editar a partir da janela superior (edição de uma única classe de caraterística de cada vez), ou escolha uma geodatabase inteira e edite as classes de caraterística dentro dela (edição de várias classes de caraterística de cada vez)

A barra de ferramentas do editor e a janela "Criar caraterísticas

A barra de ferramentas do editor tem algumas opções disponíveis. A maior parte delas são muito auto-explicativas, basta passar o rato sobre a ferramenta e aparecerá uma breve descrição da ferramenta. Aqui estão alguns dos itens mais utilizados na Barra de Ferramentas do Editor:

Uma caraterística interessante do ArcMap 10 é a janela -Create Featuresll- que aparecerá no lado direito da janela do ArcMap quando o Editor estiver ativado

A partir desta janela, escolha as caraterísticas a editar, os shapefiles de pontos

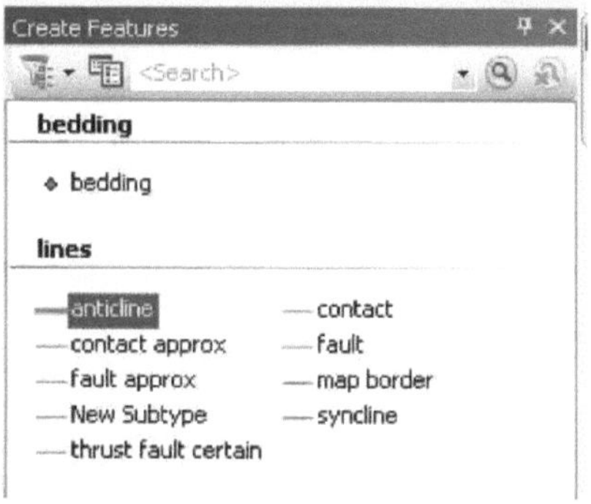

e linhas estão bem divididos

> Criar pontos

> Criar e editar linhas

> Criar polígonos

4.6 Criar polígonos

Digitalizou todas as linhas e pontos do seu mapa e criou uma boa quantidade de dados geoespaciais. Aqui está um exemplo do aspeto que o mapa pode ter:

Definição de uma nova classe de caraterística poligonal

O passo seguinte é efectuado no ArcCatalog. Feche o projeto ArcMap e volte à janela -contentsl para o conjunto de dados de caraterísticas no ArcCatalog. Aqui estão os passos para criar polígonos:

> Abra a ferramenta adequada para criar polígonos a partir de linhas - designada por -Feature to Polygontool.

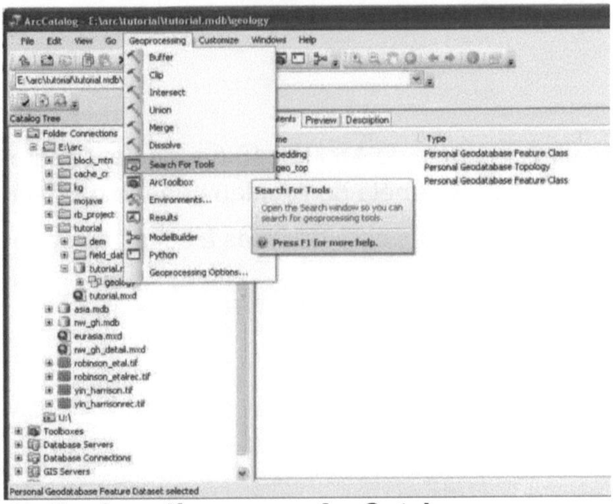

Figura 4.10: Criação de polígonos no ArcCatelog

> Aceda a Geoprocessamento - Procurar ferramentas e escreva -Feature to Polygonll na barra de pesquisa da nova janela que se abre.

> É provável que a ferramenta -Feature to Polygon ll seja a primeira a selecionar a opção -Feature to Polygon ll nos resultados da pesquisa. Clique para abrir a ferramenta.

> De seguida, selecione -Caraterísticas de entradall para criar polígonos. Isto deve ser shapefile, por isso basta clicar no shapefile de linha na janela do ArcCatalog e arrastar o ícone para a caixa -Input Featuresllbox na janela -Feature a janela da ferramenta Polygonll.

> Introduza um nome para esta nova classe de caraterística na caixa -Output Feature Classll. Selecione os polígonos que irão representar as diferentes unidades geológicas/ estratigráficas presentes no seu mapa.

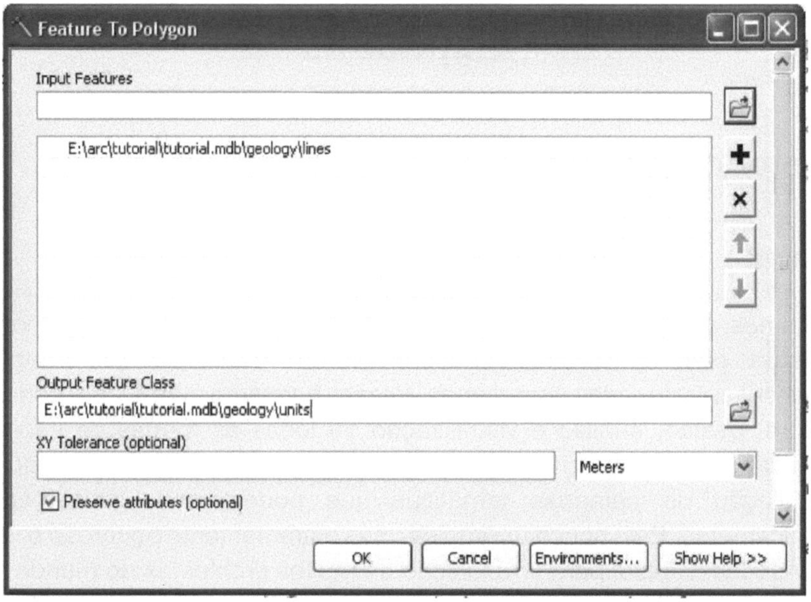

Figura 4.11: Menu pendente da ferramenta Caraterísticas para polígonos

- XY ToleranceII ou outras opções disponíveis através desta ferramenta.
- Clique em -OKII para que a ferramenta -Feature to PolygonII faça o seu trabalho. Após alguns segundos, uma nova classe de caraterística aparecerá no separador -Contents! na janela do ArcCatalog.
- Faça duplo clique na classe de caraterística -unidades! para abrir a janela -Propriedades da classe de caraterística!
- Vá para o separador -Fields! e adicione um novo -Field Name! de -name! ou -unit! que tenha um -Data Type! de -Short Integer! Desta vez, defina -Allow hull values! para -YES! e o -Default Value! para zero. Uma vez feito isso, clique em -OK!
- Reabra a janela -Feature Class Properties! para as suas unidades. Vá para o separador -Subtipos! e crie um subtipo diferente para cada unidade. Utilize a abreviatura da unidade, para que, quando formos etiquetar as nossas unidades, apareça apenas a abreviatura.

Capítulo 5

5 Metodologia

5.1 Geral

Os sistemas de informação geográfica (SIG) oferecem uma nova e poderosa ferramenta para a recolha, armazenamento, gestão e visualização de informações relacionadas com mapas. Integra hardware, software e dados para a captura, gestão, análise e visualização de todas as formas de informação geograficamente referenciada. Armazena informações sobre o mundo como uma coleção de camadas temáticas que podem ser ligadas entre si geograficamente. Este conceito simples, mas extremamente poderoso e versátil, revelou-se inestimável para a resolução de muitos problemas do mundo real. A maior complexidade dos principais problemas da bacia hidrográfica é a informação defeituosa, a incerteza e a falta de dados temporais; estas são uma das principais razões para a falta de uma componente de composição completa quando utilizada em modelos casuais. Nesta condição, a atitude sistemática sobre a composição da medição é que a variável na categoria está relacionada com este problema no domínio espácio-temporal e a utilização do SIG no desenvolvimento e análise dos dados brutos com a aplicação de técnicas adequadas para estimar o processo de uma independência desconhecida de input-output.

No estudo, o software ARCGIS 10.1 é utilizado para a distribuição espacial dos dados iniciais e, assim, pode ser aplicado a várias técnicas de correlação para a geração de mapas de recarga de águas subterrâneas artificiais. Isto inclui mapas de pontos relacionados com a estação de precipitação e a localização de poços, incluindo também linhas e polígonos para diferentes redes ferroviárias e rodoviárias, área da bacia e área irrigada e vários outros mapas.

5.2 Método

Basicamente, para preparar um mapa de recarga de água subterrânea usando dados de satélite e técnicas de SIG em conjunto com um trabalho de campo limitado, é necessário um procedimento sistemático. As várias etapas envolvidas na preparação do mapa de recarga de águas subterrâneas são apresentadas no fluxograma da *Figura 5.1.*

A metodologia pode ser dividida em duas partes principais.

- A primeira parte trata da delimitação das unidades hidrogeomórficas, tendo em conta os parâmetros que influenciam as propriedades hidrogeológicas. Consiste na preparação de mapas temáticos individuais - No presente estudo, foram utilizadas técnicas integradas de deteção remota e SIG para a delimitação de zonas de recarga de águas subterrâneas artificiais, tendo em conta um conjunto de dados multiparamétricos composto por sete camadas temáticas, nomeadamente litologia, geomorfologia, lineamento e densidade de lineamento, drenagem e densidade de drenagem, solo, lulc, pormenores de declive com base na interpretação visual de dados de satélite padrão da FCC em conjunto com dados limitados de campo/existentes, derivação de unidades hidrogeomórficas através da integração dos dados temáticos.

- A segunda parte trata da avaliação do estado das águas subterrâneas em cada unidade hidrogeomórfica. Consiste em

- Avaliação da prospeção de águas subterrâneas com base nas caraterísticas hidrogeológicas de cada um dos parâmetros,

- Após a preparação de todas as camadas temáticas, foram identificadas diferentes caraterísticas/classes dos temas individuais e, em seguida, foram atribuídos pesos adequados de acordo com a sua importância relativa na recarga de águas subterrâneas através da abordagem de hierarquia analítica de Saaty (AHP). Todas as camadas temáticas ponderadas foram integradas e processadas utilizando o ArcGIS 10.1 para demarcar zonas de recarga artificial de águas subterrâneas. 3. Depois de atribuir a ponderação e as pontuações aos temas e caraterísticas, todos os temas foram convertidos para o formato raster utilizando o "Spatial analyst", extensão do software ArcGIS.

- Estas camadas temáticas foram finalmente integradas utilizando a análise de sobreposição e as zonas de recarga de águas subterrâneas da área de estudo foram demarcadas.

- Mapa de localização da recarga de água subterrânea como resultado final.

Metodologia do projeto

O trabalho é explicado no fluxograma.

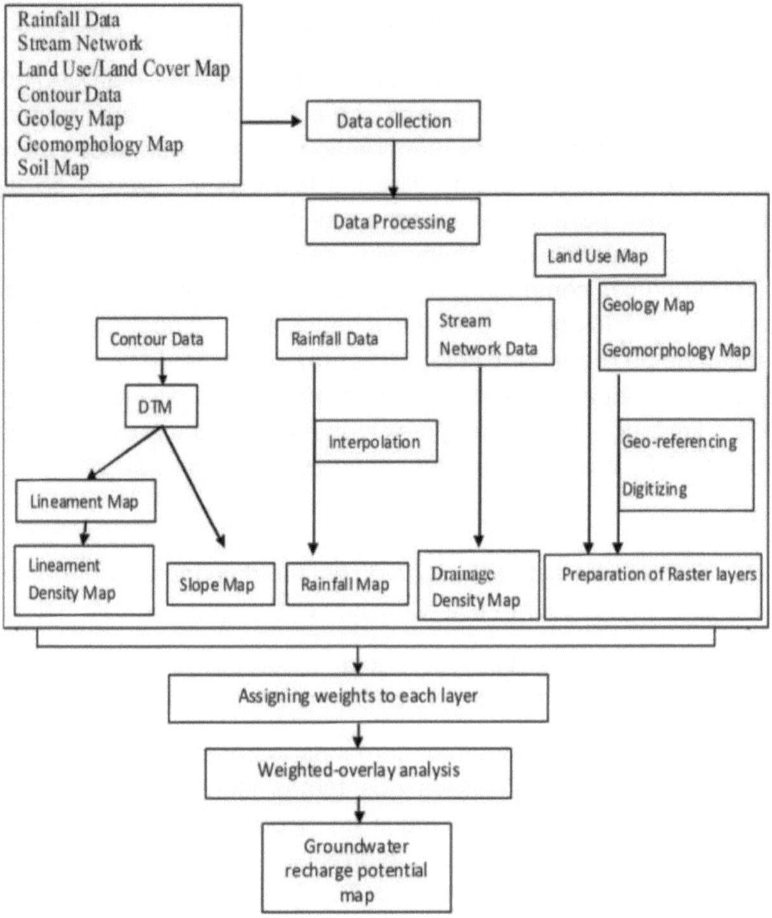

Figura 5.1: Fluxograma da metodologia utilizada para a geração do mapa

5.3 Recolha de dados

Os mapas de geomorfologia e de textura do solo foram recolhidos no Central Ground Water Board (CGWB) e no National Bureau of Soil Survey and Land Use planning, Raipur, enquanto o mapa geológico foi obtido no Geological Survey of India (GSI), Chhattisgarh. As camadas temáticas da profundidade do aquífero foram preparadas a partir dos dados de campo recolhidos pelo Central Ground Water Board (CGWB). As camadas temáticas de geomorfologia, geologia, solo

As texturas foram preparadas a partir de mapas em papel, que foram inicialmente digitalizados, geo-rectificados com pontos de controlo no solo (GCPs) conhecidos e digitalizados utilizando o ArcGIS 10.1. Para a camada de densidade de drenagem, a rede de drenagem da área de estudo foi extraída do Aster DEM e da digitalização no ecrã do mapa topográfico. A delimitação do mapa da rede de drenagem foi seguida da divisão da área de estudo em microbacias hidrográficas. A intersecção das microbacias e da camada de drenagem foi utilizada para calcular a densidade de drenagem de cada microbacia, expressa em termos de comprimento dos canais por unidade de área (km/km-2). Depois de obter as densidades de drenagem para cada microbacia hidrográfica, toda a área foi dividida em zonas de densidade de drenagem adequadas. Os mapas de declives foram preparados a partir do Aster DEM utilizando o ArcGIS 10.1. Foram utilizadas imagens de satélite com uma resolução espacial de 30 m para a preparação da camada temática de uso e ocupação do solo.

5.3 Análise ArcGIS

O software do sistema de informação geográfica é a melhor opção para o cálculo, a integração e a sobreposição de mapas. O procedimento para a preparação do layout final é o seguinte

- Recolha de dados hidrológicos e de satélite.
- Importação dos mapas para o software ARC Info e realização da operação de georeferenciação através da tomada de pontos de ligação para que os mapas sejam corretamente sobrepostos nas toposheets digitalizadas.
- Digitalização de mapas com a ajuda da barra de ferramentas do editor.
- Com a ajuda da digitalização, foram preparados mapas de drenagem, mapas de lineamentos, mapas de limites de bacias, mapas de massas de água, etc.
- Para a camada de densidade de drenagem, a rede de drenagem da área de estudo foi extraída do Aster DEM e da digitalização no ecrã do mapa topográfico. A densidade de drenagem é expressa em termos de comprimento dos canais por unidade de área (km/km-2).

- A tabela de atributos foi preparada para cada camada, de modo a que as várias caraterísticas, a sua extensão e outros pormenores sejam derivados para o trabalho posterior.
- Integração de cada camada e análise de sobreposição.
- Composição do mapa litológico com o mapa DRM.
- Os mapas básicos criados são: mapa geomorfológico, mapa de lineamentos, mapa de drenagem, mapa de base, mapa de solos, LULC, declive.
- O mapa da zona de recarga de águas subterrâneas foi finalmente gerado utilizando o processo de avaliação de pesos que é o Processo Hierárquico Analítico.
- O mapa de anicutes e reservatórios é sobreposto ao mapa geomorfológico para mostrar a localização provisória da estrutura de recarga.

5.4 Atribuição de peso e modelação

A Abordagem de Hierarquia Analítica (AHP), desenvolvida por Saaty (1980), foi utilizada como método de auxílio à decisão para a atribuição de pesos a diferentes temas e às suas caraterísticas utilizadas no zonamento da recarga artificial de águas subterrâneas. A vantagem da utilização da AHP é que permite aos utilizadores avaliar o peso relativo de vários critérios de uma forma intuitiva e possibilita a tomada de decisões em grupo, em que os membros do grupo podem utilizar a sua experiência, valores e conhecimentos para decompor um problema numa hierarquia e, em seguida, resolvê-lo através das etapas da AHP. Também incorpora verificações sistemáticas da coerência dos juízos, o que constitui uma vantagem adicional em comparação com outros processos de valor multi-atributo. No entanto, no presente estudo, os pesos das diferentes camadas temáticas e das suas caraterísticas foram atribuídos com base na literatura anterior e nos pesos sugeridos por vários peritos (geólogos e hidrogeólogos) após discussão. A geomorfologia e a litologia foram consideradas como os principais factores para a delimitação de zonas de recarga artificial de águas subterrâneas. A consideração da geomorfologia como fator principal baseou-se na infiltração de água que, por sua vez, depende da permeabilidade dos leitos rochosos, do tipo de solo, da cobertura de sedimentos, do relevo e da vegetação. A litologia foi considerada como o segundo fator principal devido à fracturação da unidade rochosa, à espessura da formação, à granulometria, ao tipo e grau de cimentação e à extensão da meteorização. Estas foram algumas das evidências indirectas incorporadas nas propriedades geológicas que definem a área como tendo um potencial de recarga de águas subterrâneas baixo, moderado ou elevado. Outros factores como o uso/cobertura do solo, o declive, a drenagem, as propriedades do aquífero e o solo foram os factores incorporados nas expressões caraterísticas das unidades geomorfológicas e litológicas. A avaliação qualitativa das diferentes caraterísticas de um determinado tema foi efectuada com base em categorias como: mau (peso = 1-3); moderado (peso = 35); bom (peso = 5-7); muito bom (peso = 7-9). Após a finalização dos pesos adequados dos temas e das suas caraterísticas individuais, tendo em conta a sua importância hidrogeológica na recarga artificial de águas subterrâneas, os pesos normalizados dos temas individuais e das suas caraterísticas foram obtidos pelo AHP de Saaty.

5.4.1 O Processo Analítico Hierárquico

O Analytic Hierarchy Process (AHP) foi explicado pela primeira vez por Thomas Saaty (1980). O AHP lida com a tomada de decisões complexas e também provou ser útil para decidir prioridades e obter os melhores resultados. O AHP introduz uma decisão subjectiva e objetiva, reduzindo uma decisão complexa a uma série de comparações entre pares e obtendo depois o resultado. É também um instrumento eficaz para verificar a coerência da avaliação dos decisores, reduzindo assim o enviesamento no processo de tomada de decisão.

Para tomar uma decisão de forma organizada e gerar prioridades, é necessário decompor a decisão nas seguintes etapas.

- Definir o problema e determinar o tipo de conhecimento pretendido.
- Estruturar a hierarquia da decisão a partir do topo com o objetivo da decisão, depois os objectivos numa perspetiva ampla, passando pelos níveis intermédios (critérios dos quais dependem os elementos subsequentes) até ao nível mais baixo (que normalmente é um conjunto de alternativas).
- Construir um conjunto de matrizes de comparação de pares. Cada elemento de um nível superior é utilizado para comparar os elementos do nível imediatamente inferior em relação a ele.
- Utilizar as prioridades obtidas a partir das comparações para ponderar as prioridades do nível imediatamente inferior. Fazer isto para cada

elemento. Em seguida, para cada elemento do nível imediatamente inferior, adicione os seus valores ponderados e obtenha a sua prioridade global ou global.

- Continuar este processo de ponderação e adição até obter as prioridades finais das alternativas no nível mais baixo.

5.4.2 Trabalhar com a AHP

O AHP lida com um conjunto de critérios de avaliação e um conjunto de outras opções possíveis entre as quais a decisão deve ser tomada. Em geral, a opção mais adequada é a que optimiza cada critério, mas nem sempre é verdade, em vez de ser a que atinge o compromisso mais adequado entre vários critérios. De acordo com as comparações par a par dos critérios efectuadas pelo decisor. É gerado um peso para cada critério de avaliação. Um critério é considerado mais importante se tiver um peso mais elevado.

Para um critério fixo, é atribuída uma pontuação a cada opção, de acordo com o par de opções dos decisores com base nesse critério. O ótimo que tiver uma pontuação mais elevada em relação ao critério considerado é considerado como tendo um melhor desempenho.

Os pesos dos critérios e as pontuações das opções são combinados, dando uma pontuação líquida para cada opção. A pontuação líquida para uma determinada opção é a soma ponderada das pontuações. É obtida em relação a todos os critérios.

5.4.3 Destaques da AHP

Uma vez que as pontuações e a classificação final são obtidas com base na avaliação relativa par a par dos critérios e das opções fornecidas pelo utilizador, o AHP é uma ferramenta flexível e poderosa. O AHP é uma técnica que pode transformar a avaliação dos decisores numa pontuação multicritério e, por conseguinte, efetuar uma análise qualitativa e quantitativa.

A experiência do decisor também afecta o AHP. Avaliação de um problema com muitos critérios e opções. Tal como acontece com a seleção do local para a zona de recarga artificial de águas subterrâneas, é necessário um grande número de avaliações por parte do utilizador, mas, por outro lado, as avaliações AHP são simples, uma vez que apenas requer que os decisores expressem a forma como as opções dos critérios se comparam entre si. O número de comparações entre pares aumenta quadraticamente com o número de critérios e opções. Além disso, a AHP pode ser total ou parcialmente automatizada, especificando um limiar adequado para decidir automaticamente algumas comparações entre pares.

5.4.4 Cálculo do vetor dos pesos dos critérios

Para calcular os pesos dos diferentes critérios, o AHP começa por criar uma matriz **A** de comparação entre pares. A matriz **A** é uma matriz real n*n, em que n é o número de critérios de avaliação considerados. Cada entrada a_{ij} da matriz **A** representa a importância do i-ésimo critério relativamente ao j-ésimo critério. Se $a_{ij} >$ 1, então o i-ésimo critério é mais importante do que o j-ésimo critério, enquanto que se $a_{ij} <$ 1, então o i-ésimo critério é menos importante do que o j-ésimo critério. Se dois os critérios têm a mesma importância, então a entrada a_{ij} é 1. As entradas a_{ij} e a_{ji} satisfazem a seguinte restrição

$$a_{ij} \times a_{ji} = 1$$

Obviamente, aii = 1 para todos os j. A importância relativa entre dois critérios é medida de acordo com uma escala numérica de 1 a 9, como mostra a Tabela 1, onde se assume que o i-ésimo critério é igualmente ou mais importante do que o j-ésimo critério. As frases na coluna "Interpretação" do quadro 1 são apenas sugestivas e podem ser utilizadas para traduzir em números as avaliações qualitativas do decisor sobre a importância relativa entre dois critérios. Também é possível atribuir valores intermédios que não correspondem a uma interpretação exacta. Os valores da matriz **A** são, por construção, consistentes entre si, ver (1). Por outro lado, as classificações podem, em geral, apresentar ligeiras incoerências. No entanto, estas não causam grandes dificuldades ao AHP.

$$A = [a_{ij}] = \begin{array}{c} \\ C_1 \\ C_2 \\ \vdots \\ C_n \end{array} \begin{array}{c} \begin{array}{cccc} C_1 & C_2 & \dots & C_n \end{array} \\ \begin{bmatrix} 1 & a_{12} & \cdots & a_{1n} \\ \frac{1}{a_{21}} & 1 & \cdots & a_{2n} \\ \vdots & \vdots & \vdots & \vdots \\ \frac{1}{a_{n1}} & \frac{1}{a_{n2}} & \cdots & 1 \end{bmatrix} \end{array}$$

5.5.5 Passos para resolver o AHP

Etapa 1- O AHP é aplicado com êxito a uma série de problemas, sendo o procedimento de cálculo o seguinte

Sejam $C_1, C_2, \ldots\ldots, C_n$ os "n" critérios diferentes e independentes.

a_{ii} : representa um juízo quantificado sobre um par de critérios c_i, c_j. Obtém-se assim uma matriz real n X n A.

A: matriz de comparação n X n.

Em que (i) $a_{ii} = 1$ para todos os i

(ii) aii . $a_{ij} = 1$ para todos os i,j

(iii) A importância relativa entre dois critérios é medida de acordo com uma escala numérica de 1 a 9 apresentada no quadro 5.6:

Tabela 5.1: Pontuações relativas

Valor de	***Interpretação***
1	i e j são igualmente importantes
3	i é ligeiramente mais importante do que j
5	i é mais importante do que j
7	i é fortemente mais importante do que j
9	i é absolutamente mais importante do que j

Uma vez construída a matriz **A**, é possível derivar de **A** a matriz de comparação de pares normalizada Anorm, tornando igual a 1 a soma das entradas em cada coluna, ou seja, cada entrada a da matriz Anorm é calculada como

Passo 2- O método Saaty calcula o vetor de pesos W = (W1,W2, ...,Wn), em que W é um vetor coluna como o vetor próprio principal direito da matriz A, ou seja

Passo 3- Para demarcar as zonas de recarga de águas subterrâneas, todas as sete camadas temáticas após a atribuição de pesos foram integradas (sobrepostas) usando o ArcGIS 10.1. Os pesos totais normalizados dos diferentes polígonos na camada integrada resultaram da seguinte equação para calcular o índice de recarga de águas subterrâneas (GWRI).

GWRI = (GMwGMwi + LlwLlwi + LULCwLULCwi + DDwDDwi + SLwSLwi + LDwLDwi + STwSTwi)

onde, GM = geomorfologia; LI = litologia; LULC = uso/cobertura do solo; DD = densidade de drenagem; SL = declive; LD = densidade de lineamentos; ST = tipo de solo; "w" =
peso normalizado de um tema; "w" = peso normalizado das caraterísticas individuais
de um tema. A gama total de valores de GWRI foi dividida em quatro classes iguais (chamadas zonas), e os GWRIs de diferentes polígonos que se enquadram
em diferentes gamas foram agrupados numa classe. Assim, toda a área de estudo
foi qualitativamente dividida em quatro zonas de recarga diferentes.

$$A_{ij} = \frac{a_{ij}}{\sum_{k=1}^{n} a_{kj}}$$

Finalmente, um

O mapa que mostra as diferentes zonas de recarga de águas subterrâneas na

$$W_i = \frac{\sum_{k=1}^{n} A_{ij}}{n}$$

área de estudo foi preparado no software ArcGIS 10.1.

5.5.6 Controlo da coerência

O índice de consistência (IC) e o rácio de consistência (CR) foram propostos por Saaty para verificar a consistência da matriz de comparação. Um exemplo é o seguinte. Suponha que são considerados 3 critérios e que o decisor avalia que o primeiro critério é *ligeiramente* mais importante do que o segundo critério, enquanto o segundo critério é *ligeiramente* mais importante do que o terceiro critério. Uma inconsistência evidente surge se o decisor avaliar por engano que o terceiro critério é igualmente ou mais importante do que o primeiro critério. Por outro lado, surge uma ligeira incoerência se o decisor avaliar que o primeiro critério é também *ligeiramente* mais importante do que o terceiro critério. Uma avaliação coerente seria, por exemplo, que o primeiro critério é mais importante do que o terceiro critério.

O AHP incorpora uma técnica eficaz para verificar a coerência das avaliações efectuadas pelo decisor aquando da construção de cada uma das matrizes de comparação entre pares envolvidas no processo, nomeadamente a matriz **A**. A técnica baseia-se no cálculo de um índice de consistência adequado e será descrita apenas para a matriz **A**.

O índice de coerência (IC) é obtido calculando primeiro o escalar 1 max como a média dos elementos do vetor cujo i-ésimo elemento é o rácio do *j-ésimo* elemento do vetor **A.**

em que 1 max é o valor próprio principal da matriz A.

onde, RI é o índice aleatório, que é o índice de consistência de uma matriz de comparação de pares gerada aleatoriamente

.

Depende do número de elementos que estão a ser comparados e assume os seguintes valores. Se CR<0,1, o

se as inconsistências forem toleráveis e se for possível esperar um resultado fiável do AHP, a estimativa é aceite; caso contrário, é solicitada uma nova matriz de comparação até CR<0,1.

5.5 Cálculo para AHP

Foram efectuadas várias alterações aos pesos atribuídos e, para as suas caraterísticas, foram atribuídas classificações correspondentes utilizando o processo hierárquico analítico de Satty. A verificação da ponderação foi efectuada em simultâneo com a utilização do CR. Se CR<0,1, as inconsistências

$$CI = \frac{\lambda\text{max} - n}{n - 1}$$

são toleráveis e pode esperar-se um resultado fiável do AHP. A estimativa é

$$CR = \frac{CI}{RI}$$

aceite; caso contrário, é solicitada uma nova matriz de comparação até CR<0,1. Este processo é apresentado no quadro seguinte

Quadro 5.2: Ponderação qualitativa dos diferentes temas

Tema	Subscrito	Peso
Geomorfologia	GM	9
Litologia	LI	8
Densidade do Lineamento	LD	7
Densidade de drenagem	DD	6
Solo	ST	7
Declive	SL	4
LULC	LULC	4

Quadro 5.3: Matriz de comparação par a par das diferentes camadas temáticas

Tema	GM	LI	LD	DD	ST	SL	LULC	Média geométrica	Peso normalizado
GM	1	9/8	9/7	9/6	9/7	9/4	9/4	1.4594	0.200
LI	8/9	1	8/7	8/6	8/7	8/4	8/4	1.297	0.1778
LD	7/9	7/8	1	7/6	7/7	7/4	7/4	1.135	0.1555
DD	6/9	6/8	6/7	1	6/7	6/4	6/4	0.9729	0.1336
ST	7/9	7/8	7/7	7/6	1	7/4	7/4	1.135	0.1555
SL	4/9	4/8	4/7	4/6	4/7	1	4/4	0.6476	0.0888
LULC	4/9	4/8	4/7	4/6	4/7	4/4	1	0.6476	0.0888

Amax = 7,03639

Rácio de consistência: 0,006065

Tabela 5.4: Pesos atribuídos e normalizados para as caraterísticas individuais dos temas para a zonagem de recarga artificial

Tema	Classe	Prospeto de recarga	Peso atribuído	Peso normalizado
Geomorfologia	Planície de inundação	Muito bom	7	0.35
	Plana Alluviam, frontão	Bom	6.5	0.325
	Planalto	Moderado	5.5	0.275
	Vale, Estrutura Colinas	Pobres	1	0.05
Litologia	Arenito, Aluvião, Calcário	Muito bom	7	0.368
	Laterite, arenito com siltito	Bom	6.5	0.342
	Xisto e calcário	Moderado	4.5	0.236
	Xisto	Pobres	1	0.0526
Densidade do Lineamento	Elevado	Muito bom	7	0.35
	Médio	Bom	6.5	0.325
	Baixa	Moderado	5.5	0.275
	Muito baixo	Pobres	1	0.05
Densidade de drenagem	Baixa	Muito bom	5.5	0.407
	Médio	Bom	4	0.296
	Elevado	Moderado	3	0.222
	Muito elevado	Pobres	1	0.074
Solo	A	Muito bom	5	0.344
	B	Bom	4	0.275
	C	Moderado	3.5	0.241
	D	Pobres	2	0.137
Declive	1%	Muito bom	6.5	0.393
	1-5%	Bom	5.5	0.333
	5-9%	Moderado	3.5	0.212
	9-10%	Pobres	1	0.060
LULC	Massas de água	Muito bom	7.5	0.365
	Floresta	Bom	6.5	0.317
	Terrenos agrícolas	Moderado	5.5	0.268
	Edificado, Terrenos baldios	Pobres	1	0.048

Capítulo 6

6 Resultados e discussão

6.1 Geral

Neste capítulo, os resultados obtidos a partir de diferentes objectivos foram analisados e os resultados são devidamente discutidos a seguir.

6.2 Deteção remota e análise GIS para a zona de recarga de águas subterrâneas

Os dados necessários para a deteção remota e o SIG foram descarregados do ASTER, tendo sido delineados vários mapas temáticos utilizando o software Arc GIS. Os diferentes mapas temáticos são descritos e apresentados de seguida.

6.3 Geomorfologia

O significado de Geomorfologia tem um significado importante no dicionário das câmaras i.e. -estudo científico da natureza e história das formas de relevo na superfície da Terra e de outros planetas, e os processos da sua criação.il As diferentes unidades geomorfológicas foram representadas a partir de informação de satélite e são retratadas abaixo e introduzidas na *Figura 6.1.* Assumem um papel extremamente crítico na prospeção de águas subterrâneas (Horton 1945, Thornbury 1985) e, consequentemente, é-lhes atribuído o maior peso. Foram selecionadas diferentes classes distinguidos na área de estudo como: i) Planície aluvial ii) Planície de inundação iii) Colinas e vales moderadamente dissecados iv) Pedimento.

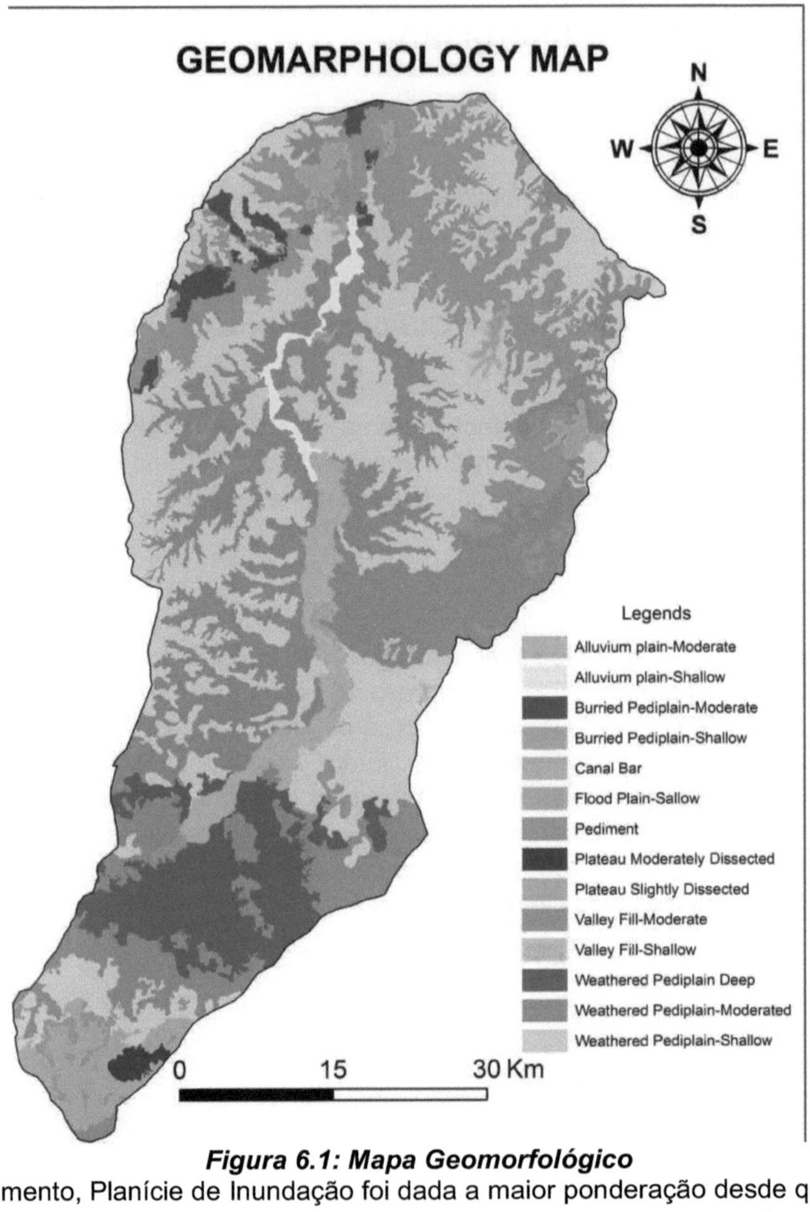

Figura 6.1: Mapa Geomorfológico

Pedimento, Planície de Inundação foi dada a maior ponderação desde que; é a superfície que consiste principalmente de rocha nua, mas pode ter um revestimento de aluvião ou cascalho, e toda a área submersa que actua como uma fonte de recarga de água subterrânea mais elevada na área de estudo. As colinas e vales altamente dissecados receberam o menor peso, uma vez que têm principalmente escoamento em comparação com as colinas e vales moderadamente dissecados, que actuam como recarga e escoamento.

6.4 Litologia

A litologia de uma unidade rochosa é a descrição das suas caraterísticas físicas visíveis no afloramento, em amostras de mão ou de núcleo ou com microscopia de baixa ampliação, tais como a cor, a textura, a granulometria ou a composição. É a base da subdivisão das sequências de rochas em unidades litológicas estratigráficas individuais para efeitos de cartografia e correlação entre áreas. A gama de litologia é atribuída com base no conjunto de minerais, na alteração, nas fracturas e no estado de meteorização. As rochas, que são mais propensas a condições de meteorização, têm uma elevada resistência à infiltração e ao escoamento, pelo que lhes foi atribuído um valor elevado.

A área litológica total na bacia de Kharun é de 4191 km2 , na qual o arenito com o código alfa 10, com uma área total de 21030,718 km2 , ou seja, 50,84% da área, está a ser coberto, enquanto o Kurud e a laterite com o código alfa 14 têm uma área mínima de 15.334 km2, ou seja, 0,365 % da área, sendo as caraterísticas apresentadas no Quadro 5.2 para gerar o mapa litológico, é necessário o mapa de recursos distritais (DRM), que é fornecido pelo Chhattisgarh Council Of Science and Technology, Raipur. As caraterísticas foram geradas no ArcInfo com a ajuda da ferramenta de edição, uma vez que a digitalização da cartografia está a ser feita e o mapa é apresentado na *Figura 6.2.*

6.5 Solo

No presente estudo, o mapa de solos (dados raster - formato GRID) da sub-bacia de Kharun foi gerado utilizando a classificação HSG. A CN é definida pela utilização do solo e pelo mapa de solos, devendo a utilização do solo ter o campo VALUE e o mapa de solos o campo HSG. A análise utiliza apenas quatro tipos de HSG que são A,

B, C e D no mapa de solos. O mapa do grupo hidrológico do solo é preparado de acordo com a classificação adoptada pela HSG. Esta camada é muito importante, pois está diretamente relacionada com a infiltração e o escoamento superficial.

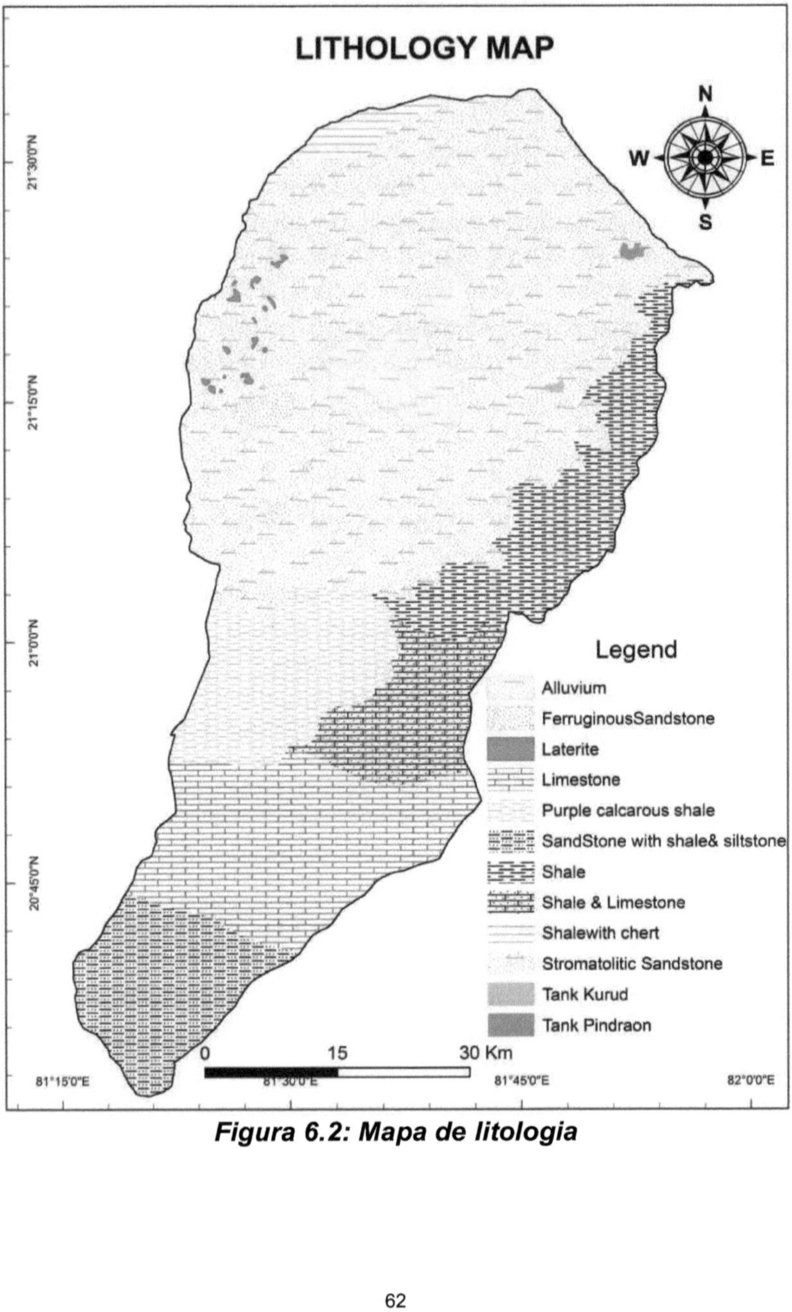

Figura 6.2: Mapa de litologia

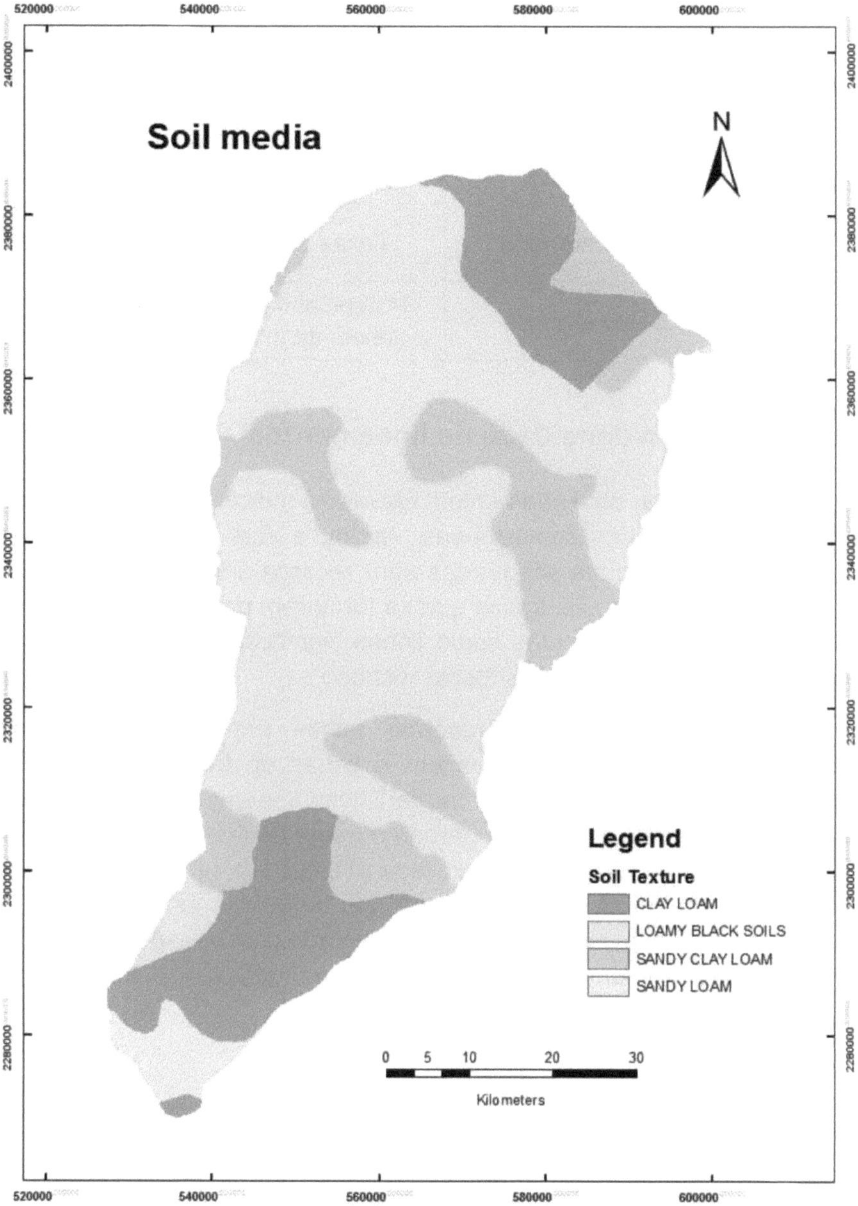

Figura 6.3: Mapa do solo

Tabela 6.1: Tipo de solo observado na área de estudo

HSG	TIPO DE SOLO	CARÁCTER
A	Argila arenosa	Potencial de escoamento reduzido e taxas de infiltração elevadas
C	Argila arenosa	Taxas de infiltração moderadas
D	Barro argiloso	Potencial de escoamento elevado, taxas de infiltração muito baixas

6.6 Lineamento e densidade de lineamentos

Em geral, as zonas de lineamentos elevados indicam zonas de elevado potencial para as águas subterrâneas. Assim, a sua importância é valiosa quando se sugerem zonas adequadas para recarga artificial. Geralmente, os lineamentos são zonas mais fracas que se formaram devido ao movimento da crosta terrestre e são definidos como linhas significativas da paisagem, que revelam a arquitetura oculta do subsolo rochoso.

Estas caraterísticas podem representar falhas profundas, conjuntos de fracturas e juntas, linhas de drenagem e linhas de fronteira de diferentes formações rochosas. Todas estas caraterísticas lineares são interpretadas a partir dos dados de satélite e é preparado o mapa de lineamentos para a área de estudo, que é classificado em 4 classes (i) 0-0,5 km; (ii) 0,5-1 km; (iii) 1-1,5 km e (iv) 1,5-2,25 km. A estas classes foram atribuídas as categorias baixa, média, alta e muito alta, respetivamente. De acordo com o respetivo lineamento e densidade de lineamentos, como se mostra na *Figura 6.4.*

6.7 Utilização/cobertura do solo

A utilização e a ocupação do solo referem-se ao tipo de caraterísticas presentes na superfície da terra, ao passo que a utilização do solo se refere à atividade humana associada a um pedaço de terra específico. Inicialmente, o mapa temático foi gerado a partir de imagens de satélite e de dados digitais, que são apresentados no mapa da *Figura 6.5.* A área geográfica total da bacia de Kharun é de 4191 km2 , dos quais as terras agrícolas ocupam 3215 km2 .

A área agrícola ocupa 3215 km2 , o que corresponde a cerca de 76,71% da área geográfica total, a área construída ocupa 428 km2 , ou seja, 10,21% da área total, a floresta ocupa 197 km2 , ou seja, 4,7% da área total, os terrenos baldios ocupam 257 km2 , ou seja, 6,13% da área total, a massa de água ocupa 97 km2 , ou seja, 2,25% da área geográfica total.

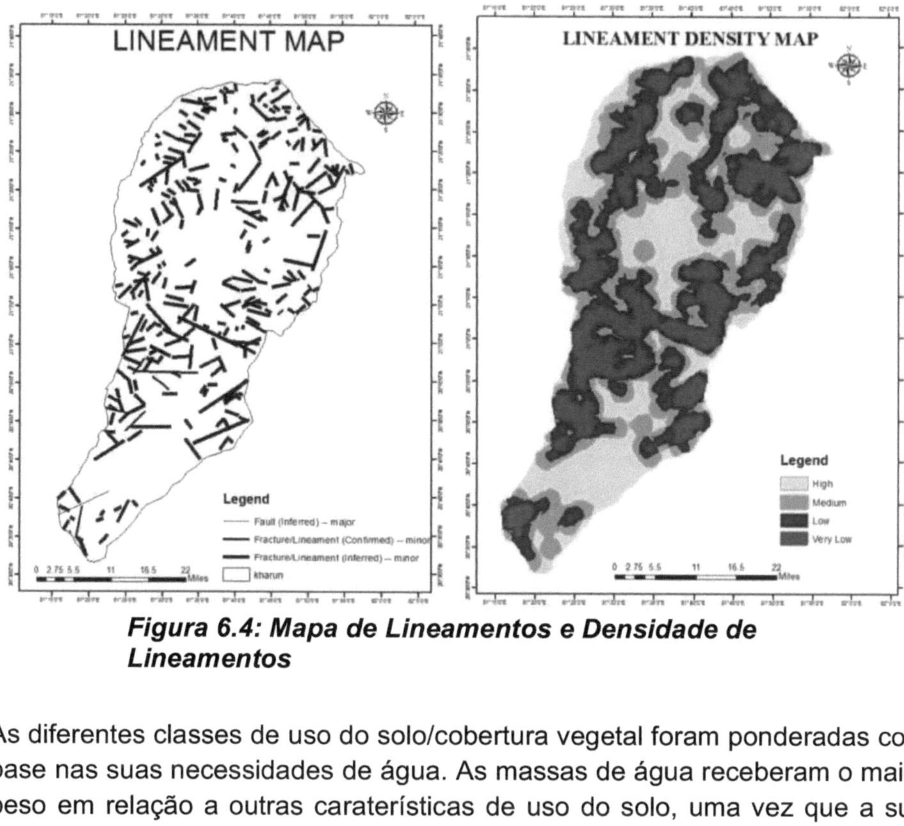

Figura 6.4: Mapa de Lineamentos e Densidade de Lineamentos

As diferentes classes de uso do solo/cobertura vegetal foram ponderadas com base nas suas necessidades de água. As massas de água receberam o maior peso em relação a outras caraterísticas de uso do solo, uma vez que a sua recarga incessante para o solo é assegurada apenas pela floresta, que extrai quantidades máximas de água da zona profunda das raízes.

6.8 Mapa de declives

O mapa de declives é preparado com base na classificação IMSD (Missão Integrada para o Desenvolvimento Sustentável). O declive é também considerado um parâmetro crucial e está diretamente relacionado com o escoamento superficial, pelo que é considerado muito importante nos estudos de recarga artificial. A área de estudo é classificada em quatro classes, ou seja, 1%, 1-5%, 5-9% e 9-10%, como mostra *a Figura 6.5.*

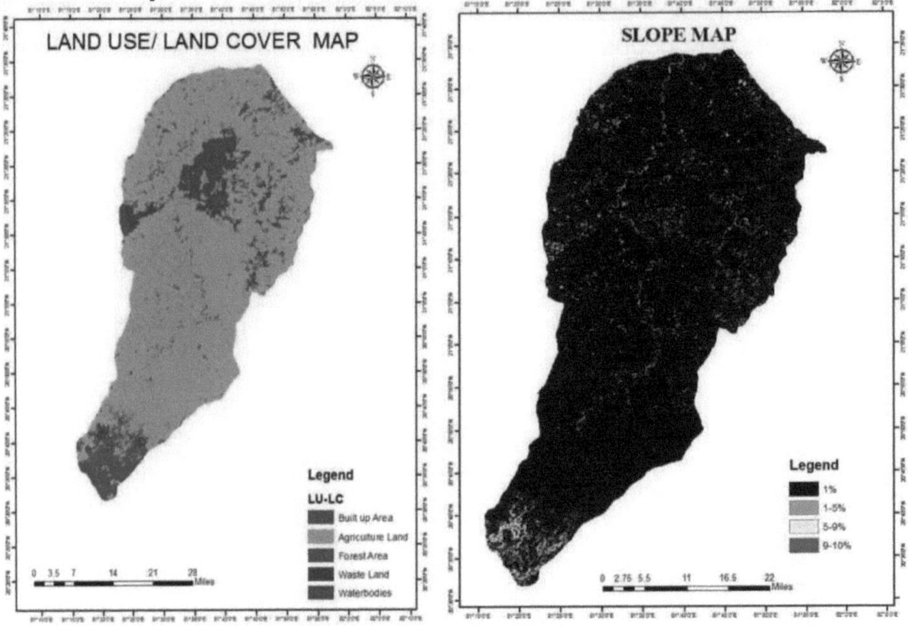

Figura 6.5: Mapa de ocupação do solo e mapa de declives

6.9 Mapa de drenagem e densidade de drenagem

A drenagem é uma das mais importantes e a base da camada limite a ser criada. A partir do toposheet, os vários padrões de drenagem são digitalizados como camadas de polilinhas que se encontram diretamente com o fluxo do rio. O distrito de Durg cobre a maior área de drenagem, enquanto Dhamtari tem muito menos linhas de drenagem. O escoamento e a infiltração numa zona podem estar diretamente relacionados com a drenagem e a densidade de drenagem da zona de estudo. O padrão de drenagem observado na área de estudo é dendrítico.

A densidade de drenagem é extraída da camada de drenagem e é gerada uma camada temática, que é classificada em 4 zonas (1) 2 km/km^2 , (2) 1 km/km^2 , (3) 0,5 km/km^2 , (4) < 0,5 km/km^2 , pelo que estas classes foram atribuídas como categorias muito baixa, baixa, média e alta, respetivamente. A maior parte da área de estudo (75 %) tem uma densidade de drenagem entre 2 e 1 km/km^2 . de acordo com a respectiva densidade de drenagem, como mostra a ***Figura***

6.6.

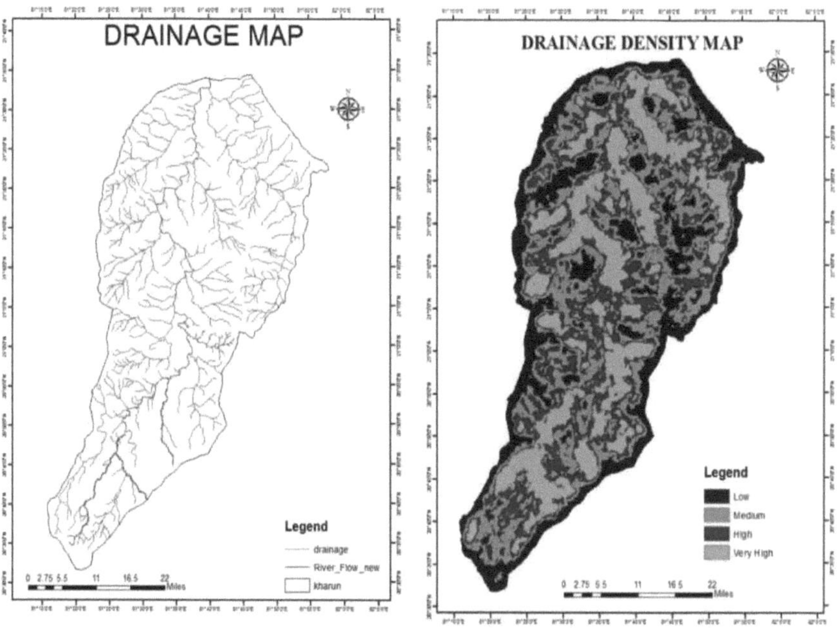

Figura 6.6: Mapa de drenagem e mapa de densidade

6.10 Integração de camadas temáticas para modelação utilizando SIG: Modelo de sobreposição de índice ponderado

As zonas de recarga de águas subterrâneas para a área de estudo foram obtidas através da integração de camadas temáticas de geomorfologia, litologia, uso/ocupação do solo, densidade de drenagem, declive, solo, drenagem e lineamento utilizando técnicas SIG *(**Figura 6.7**)*. A demarcação das zonas de recarga de águas subterrâneas para a área de estudo foi efectuada através do agrupamento das camadas interpretadas através de métodos de sobreposição ponderada no ArcGIS 10.1 e, finalmente, foram atribuídas diferentes zonas de recarga. Foram atribuídos pesos adequados aos sete temas e às suas diferentes caraterísticas, tal como descrito na secção Atribuição de pesos e integração de camadas temáticas, e são apresentados nos Quadros 6.2.

Os pesos normalizados dos temas individuais e as suas diferentes caraterísticas foram calculados pelo AHP. É evidente, a partir da ***Figura 6.7***, que a parte central inferior e a parte central da área de estudo não são adequadas para a instalação de sistemas artificiais.

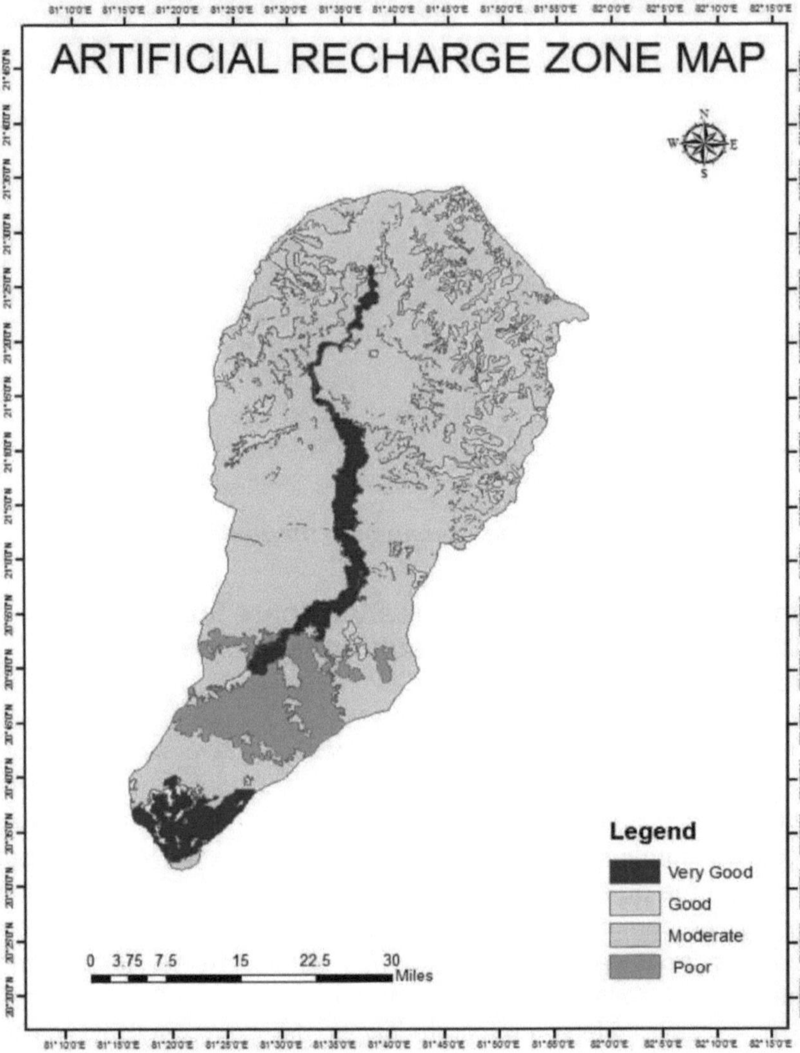

Figura 6.7: Mapa da zona de recarga de águas subterrâneas

O mapa das zonas de recarga de águas subterrâneas indica que a excelente zona de recarga de águas subterrâneas está concentrada em algumas partes da região média e sul devido à distribuição de planícies aluviais e terrenos agrícolas com elevada capacidade de infiltração. O mapa das zonas de recarga de águas subterrâneas indica que a excelente zona de recarga de águas subterrâneas está concentrada nalgumas partes da região média e sul devido à distribuição de planícies de inundação, planícies aluviais e terrenos agrícolas com elevada capacidade de infiltração.

Isto indica que a geomorfologia, a geologia, a litologia e a utilização/cobertura do solo desempenham um papel vital no aumento das águas subterrâneas. Além disso, a concentração da densidade de drenagem, a densidade dos lineamentos e o declive também contribuem para a capacidade de infiltração no sistema de águas subterrâneas.

Cerca de 17,3% da área de estudo cai na zona pobre, 47,4% cai na zona de recarga moderada de águas subterrâneas, 18,7% cai na zona boa, e 16.3 % da superfície total situa-se na zona muito boa. Por último, a O efeito cumulativo dos factores de influência múltipla ponderados através da análise de sobreposição no SIG revelou o mapeamento das zonas de recarga de águas subterrâneas na área de estudo. Isto indica claramente que os resultados são consistentes com os resultados baseados em sete factores que influenciam a recarga das águas subterrâneas.

Tabela 6.2: Gama de pesos integrados para várias zonas de recarga de águas subterrâneas

Categoria de águas subterrâneas	Tabela de pesos inferior e superior
Muito bom	9-7
Bom	7-5
Moderado	5-3
Pobres	3-1

Utilidade dos mapas na identificação tanto da área de prospeção de água subterrânea como das estruturas de recarga específicas do local. No entanto, o mesmo é resumido na forma dos seguintes passos sequenciais para referência rápida dos utilizadores dos mapas enquanto implementam as recomendações sugeridas no mapa.

Possível utilização do mapa:

- Identificação de potenciais fontes de água subterrânea.
- Identificação de locais para a estrutura de recarga específica do sítio.
- Desenvolvimento de planos de segurança da água potável.

Conclusão

O estudo demonstrou que um planeamento sistemático do desenvolvimento das águas subterrâneas com recurso a técnicas modernas é utilizado para a utilização e gestão adequadas destes recursos naturais preciosos mas em declínio. A zona de recarga artificial de águas subterrâneas foi avaliada na bacia do rio Kharun, em Chhattisgarh, utilizando técnicas de teledeteção e de sistema de informação geográfica. Foram efectuados vários mapas temáticos , como o mapa de drenagem, o mapa de base e o mapa litológico ,
O mapa geomorfológico, o mapa de declives, o mapa de massas de água, o mapa de solos, o mapa de lineamentos e o mapa de utilização/cobertura vegetal da zona de estudo foram elaborados utilizando
Estes mapas temáticos foram atribuídos a diferentes factores que controlam a ocorrência de água subterrânea. O resultado mostra que existem seis categorias de zonas de recarga de águas subterrâneas artificiais que variam de excelente a muito mau. Isto mostra as zonas favoráveis na área de estudo para a avaliação dos recursos hídricos subterrâneos.

A bacia do rio Kharun foi classificada em seis zonas de recarga diferentes, nomeadamente excelente, muito boa, boa, média, má e muito má, cobrindo diferentes percentagens da área de estudo. Uma vez que a maior parte da área de estudo apresenta zonas de recarga boas a médias, pode inferir-se que os recursos hídricos subterrâneos são adequadamente recarregados na área de estudo. Isto mostra as zonas prospectivas favoráveis na área de estudo para a avaliação de zonas de recarga artificial de água subterrânea. Além disso, os resultados deste estudo demonstraram que a abordagem integrada baseada na deteção remota e no sistema de informação geográfica é uma ferramenta poderosa para avaliar a recarga das águas subterrâneas, com base na qual podem ser identificados locais adequados para a extração de águas subterrâneas.

Os mapas de recarga de águas subterrâneas terão a dupla vantagem de ajudar os geólogos no terreno a

- Identificar rapidamente as zonas prospectivas de águas subterrâneas para a realização de trabalhos de investigação específicos do local.
- Selecionar as estruturas de recarga de planeamento para melhorar a sustentabilidade das fontes de água potável, sempre que necessário. O processo de desenvolvimento e gestão das águas subterrâneas torna-se mais eficiente e fácil.

REFERÊNCIAS

(1998) Sudhindra N. Pandall Mapeamento de zonas de recarga de águas subterrâneas artificiais utilizando deteção remota e GIS: um estudo de caso no Punjab indiano Fonte:-_
https://www.researchgate.net/publication/239942807

(2000) Alivia Chowdhuryll Delineação de zonas de recarga de águas subterrâneas e identificação de sítios de recarga artificial no distrito de West Medinipur, Bengala Ocidental, utilizando técnicas de RS, GIS e MCDMII

(1980) The Analytic Hierarchy Process -Saaty, T.L. -The Analytic Hierarchy Process.il McGraw Hill, New York.II

(2000) N. C. Mondal -A new approach to delineate the groundwater recharge zone in hard rock terrain.

(2005) Peter H.S. Riad -Aplicação do modelo ponderado de sobreposição e da lógica booleana para determinar as melhores localizações para a recarga artificial de águas subterrâneasll Fonte:-www.journal-uee.org

(2007) S. Arivalagan -Delineação de zonas de potencial de águas subterrâneas usando técnicas de rs e gisll Jornal Internacional de Pesquisa Avançada em Ciência e Engenharia Fonte: http://www.ijarse.com

Nezar-Hammouri - Cartografia das zonas de recarga de águas subterrâneas utilizando o SIG

(2008) Missão Nacional de Água Potável de Rajiv GandhiProjecto -Terra Manual do utilizador do Water Prospects
Fonte: http://www.mdws.gov.in/hindi/sites/uploadfiles/ddwshindi/files/pdf/U

ser%20manual-HSM%20maps.pdf

Livro anual das águas subterrâneas de Chhattisgarh 2014 - 15 governo da Índia ministério dos recursos hídricos

BROUCHER DE ÁGUAS SUBTERRÂNEAS DO DISTRITO DE RAIPURD!
Fonte:- http://cgwb.gov.in/District Profile/Chhattisgarh/Raipur.pdf

RESERVATÓRIO DE ÁGUAS SUBTERRÂNEAS DA REGIÃO DE DURGD !
Fonte:- http://cgwb.gov.in/District Profile/Chhattisgarh/Durg.pdf

RESERVATÓRIO DE ÁGUAS SUBTERRÂNEAS DO DISTRITO DE DHAMTARI
Fonte:- http://cgwb.gov.in/District Profile/Chhattisgarh/Dhamtari.pdf

(2006).P.Jaya Rami Reddy -Engineering Hydrologyll. Publicação Lakshmi, Nova Deli.

(1984) K.Subramanya -Engineering HydrologyI I. Publicação Tata McGraw Hill, Empresa Delhi.

(1980) D.K. Todd -Ground Water Hydrologyll. 2nd edition John Wiley & Snow, New York.

(2014) M. K. Sinha -Avaliação da vulnerabilidade das águas subterrâneas utilizando o modelo DRASTIC modificado na bacia de Kharun, Chhattisgarh, Indian

(2009) Aggarwal R, Kaur S, Juyal D Micro level assessment of water resources in bist doab tract of Indian Punjab. J Agric Eng 46(2):33-39

(2009)Aggarwal R, Kaushal M, Kaur S, Farmaha Water resource management for sustainable agriculture in Punjab. Índia. Ciência e Tecnologia da Água 60(11):2905-2911

(2005)Anbazhagan S, Ramasamy SM, Das Gupta Remote sensing and GIS for artificial recharge study, runoff estimation and planning in Ayyar basin, Tamil Nadu, India. Environ Geol 48(2):158-170

(2010) Chawla JK, Khepar SD, Sondhi SK, Yadav AK, Avaliação do comportamento a longo prazo das águas subterrâneas em Punjab, Índia. Water Int. 35(1):63-77

(2010) Chenini I, Mammou AB, May Mapeamento da zona de recarga de águas subterrâneas utilizando a análise multicritério baseada em SIG: um estudo de caso na Tunísia Central (Bacia de Maknassy). Gestão de Recursos Hídricos 24(5):921 -939

(2010) Chowdhury A, Jha MK, Chowdary VM, Delineação de zonas de recarga de águas subterrâneas e identificação de locais de recarga artificial no distrito de West Medinipur, Bengala Ocidental, utilizando técnicas de RS, GIS e MCDM.
Environ Earth Sci 59(6): 1209-1222

ESRI (2009). ArcGIS 9.3.1. ESRI (Environmental Systems Research Institute), RedlandsGhayoumian J, Ghermezcheshmeh B, Feiznia S, Noroozi AA (2005) Integrating GIS and DSS for identification of suitable areas for artificial recharge, case study Meimeh Basin, Isfahan, Iran. Environ Geol 47(4):493-500

Hira GS (2009) Water Management in Northern States and the Food Security of India (Gestão da água nos Estados do Norte e segurança alimentar da Índia). J Crop Improv 23(2):136-157

Jaiswal RK, Mukherjee S, Krishnamurthy J, Saxena R (2003) Role of remote sensing and GIS techniques for generation of groundwater prospect zones towards rural development-an approach. Int J Remote Sens 24(5):993- 1008

NRSA. (2008). Groundwater prospect mapping using remote sensing and GIS, Rajiv Gandhi National Drinking Water Mission Project Manual. National Remote Sensing Agency, Hyderabad 27...Ravi Shankar MN, Mohan G (2005) A GIS based hydrogeomorphic approach for identification of sitespecific artificial-recharge techniques in the Deccan Volcanic Province. J Earth Syst Sci 114(5):505-514

Saaty TL (1980) The analytic hierarchy process: planning, priority setting, resource allocation. McGraw-Hill, Nova Iorque, p 287

Saraf AK, Choudhury PR (1998) Integrated remote sensing and GIS for groundwater exploration and identification of artificial recharge sites. Int. J Remote Sens 19(10):1825-1841

MIX
Papier aus verantwortungsvollen Quellen
Paper from responsible sources
FSC® C105338

Printed by Books on Demand GmbH, Norderstedt / Germany